JN083459

保護犬・保護猫と
家族になるときに読む本

お迎えから育てかたと向き合いかたまで

保護犬・保護猫のお迎えサポート 著

メイツ出版

BEFORE　　　AFTER

お迎えしたばかりの頃

レン（15歳）

保護施設で出会った子。何にでもビックリするけれど、犬同士で遊ぶのは大好き。家に帰りたがらないくらい大好きだったお散歩もおばあちゃんになってからは行きたがらなくなった。でも耳が遠くなったことでビックリしなくなったのはよかったのかな。

BEFORE　　　AFTER

迎えたときは痩せていた

るい（5歳）

ペットショップで「思っていたチワワと違う」という理由で返品され値段を下げても売れ残り、里親募集していました。お迎え当初はガリガリでテーブルの下から出てこなかったのですが、今では元気でめちゃくちゃ甘えん坊！体格もしっかりしました。

BEFORE　　　AFTER

子犬からお迎えした

クロ（2歳）

お友達から紹介してもらった保護団体から最近お迎えした。お迎えしたときは小さかったのに、すぐにりっぱに成長！優しい性格で、娘の大親友に。これからも一緒に成長していくのが楽しみ。

BEFORE　　AFTER

お迎えしたときは警戒心MAX！

コトブキ（ぶーちゃん）（6歳）

知人から保護してくれないかと頼まれ、縁あって迎えました。当初は警戒心が強く全然触らせてくれず、約2カ月はずっとシャーシャー。姿も見えず、鈴つきの首輪でかろうじて存在を確認する日々…。それが今ではすっかり甘えん坊で、毎日一緒に寝ています。

BEFORE　　AFTER

保健所にいたところをお迎え

シャル（7歳）

子猫のときにきょうだいたちと段ボール箱に入れて捨てられ、カラスに襲われていたきょうだいを守ろうとした優しい子。押し入れで寝るのがお気に入り。大好きなお母さんが亡くなり、後を追うように亡くなりました。さみしがりやで甘えん坊だったもんね。

AFTER

元地域猫で過去の写真はない

ぶーちゃん（不明）

地域猫だったので、年齢はわからない。お年寄りにかわいがられていたと聞いたので、すごく甘えん坊で目が合うとゴロン。だけどひっつきすぎないほどよい距離感。食欲が旺盛でぽっちゃりボディがかわいい。

Contents

Chapter1 　保護犬・保護猫とは

01 保護犬・保護猫とは？…………………………………………… 8
02 どこから引き取る？……………………………………………… 10
03 保護犬・保護猫の探し方………………………………………… 12
04 里親になれる条件とは…………………………………………… 14
05 保護犬・保護猫をどう選べばいい？…………………………… 16
06 引き取るまでのステップ………………………………………… 18
07 直接面会してから決めよう……………………………………… 20
　　COLUMN
　　なぜ保護犬・保護猫が減らないの？…………………………… 22

Chapter2 　犬との暮らしの準備編

01 犬との暮らしを思い描いてみよう……………………………… 24
02 犬の生涯と自分や家族のライフプランを確認しよう………… 26
03 犬の飼育にかかる費用…………………………………………… 28
04 迎える犬がどんな気質か犬種や見た目からも想像しよう…… 30
05 家族で話し合っておきたいこと………………………………… 32
06 家の環境を整える………………………………………………… 34
07 迎える前に用意するもの………………………………………… 36
08 周辺環境を調べる………………………………………………… 38
09 トレーニングについて知ろう…………………………………… 40
　　COLUMN
　　賃貸物件とペットの飼育………………………………………… 42

Chapter3 犬を迎える編

01 お迎え当日の過ごし方………………………………………………… 44

02 こんなときはどうする？………………………………………………… 46

03 先住犬がいる場合は？………………………………………………… 48

04 食べ物を使って信頼関係を築く……………………………………… 50

05 散歩の練習① 首輪やリードを着ける ……………………………… 52

06 散歩の練習② リードで歩く、外に慣らす ………………………… 54

07 足拭きに慣らす………………………………………………………… 56

08 体中に触れるようにする……………………………………………… 58

09 苦手なものに慣らす…………………………………………………… 60

10 日常や災害時、入院時に必要なクレートトレーニング…………… 62

11 留守番に慣らす………………………………………………………… 64

COLUMN

なぜほめてしつける必要があるの？………………………………… 66

Chapter4 犬の基礎知識編

01 犬の体の基礎知識……………………………………………………… 68

02 トラブルが多い消化器官の基礎知識………………………………… 70

03 犬の体調不良はすぐに病院へ相談する……………………………… 72

04 犬のごはんの基礎知識………………………………………………… 74

05 不妊・去勢手術は病気を予防し寿命を延ばす……………………… 76

06 ワクチンや投薬による感染症の予防………………………………… 78

07 犬のボディランゲージを知ろう……………………………………… 80

08 もしも犬を迷子にさせてしまったら………………………………… 82

COLUMN

ノーリードの危険性…………………………………………………… 84

Chapter5 猫の基礎知識＆猫との暮らしの準備編

01 猫の歴史と基本的な習性……………………………………………… 86
02 猫を迎える前に今後の見通しをイメージする…………………………… 88
03 保護猫を迎える前に知っておきたいこと………………………………… 90
04 猫の飼育にかかる費用とワクチンについて……………………………… 92
05 先住猫がいる場合の迎え方は？………………………………………… 94
06 自分で外の猫を保護する場合 保護の対象か確認しよう ……………… 96
07 自分で保護をする方法の一例…………………………………………… 98
08 弱っている猫を保護した場合…………………………………………… 100
09 子猫を保護した場合……………………………………………………… 102
10 子猫の授乳と排泄の世話の仕方………………………………………… 104
　　COLUMN
　　犬と猫、両方と一緒に暮らすには？…………………………………… 106

Chapter6 猫を迎える＆猫との暮らし編

01 猫との暮らしの基本の５カ条…………………………………………… 108
02 猫が安心できる場所を作り、においにも配慮をする…………………… 110
03 飼育に必要な道具を揃える……………………………………………… 112
04 猫との遊びにはオモチャを使おう……………………………………… 116
05 猫への薬の与え方と強制給餌の方法…………………………………… 118
06 信頼関係を築くには猫のペースを尊重しよう………………………… 120
07 病院へ連れて行くためのキャリーバッグに慣らす…………………… 122
08 保護猫に多い感染症 猫エイズと猫白血病 …………………………… 124
09 脱走予防と迷子の捜索について………………………………………… 126

CHAPTER

01

保護犬・保護猫とは

01 保護犬・保護猫とは？

近年よく耳にする「保護犬」「保護猫」という言葉。そもそも、保護犬・保護猫とはどんな犬・猫なのでしょうか。保護犬・保護猫には実にさまざまな犬・猫がいて、一定のイメージで語ることはできないというのが、実際のところです。

野犬・野良犬

放浪しているところを捕獲された犬。人里離れた山にいるのを「野犬」、街に近いところにいるのを「野良犬」と言い分けることもある。

ブリーダー崩壊

繁殖していたブリーダーが廃業するなどして行き場のなくなった犬。繁殖できる年齢を過ぎたために捨てられた「繁殖引退犬」などもいる。

保護犬

飼育放棄

飼い主の引っ越しや離婚、入院、死亡、家族のアレルギーなど、何らかの事情で元の飼い主が飼育し続けることができなくなった犬。

多頭飼育崩壊

たくさんの犬を飼育したうえに、飼い犬の間で繁殖するなどして増えすぎた結果、世話をしきれなくなった家庭などから救出された犬。

行き場がない状態の犬・猫はみんな保護犬・保護猫

「保護犬」「保護猫」と聞くと、どんなイメージを思い浮かべるでしょうか。飼い主に捨てられたかわいそうな子？　子犬・子猫、それとも成犬・成猫や老犬・老猫？　純血種、それとも雑種？　人懐っこい子、それともビビりな子？　これらはどれも正解と言えます。ひと言で「保護犬」「保護猫」と言っても、品種や体のサイズ、年齢、経歴、性格など、実にさまざまな犬・猫がいるからです。

保護犬・保護猫とは、さまざまな事情から保護された、行き場のない犬・猫全般を指します。現在の日本では、犬や猫を入手する経路として、主にペットショップ、ブリーダー、そして動物保護団体の3つがあります。主に動物保護団体にいるのが、保護犬・保護猫です。ペットショップやブリーダーからはお金を出して犬・猫を購入するのに対して、保護犬・保護猫を引き取る場合は、保護団体によって経費が譲渡費用として必要になるものの、基本的には無償という違いがあります。もちろん、タダだから雑に扱っていいという

POINT ペットショップやブリーダーから迎えてはいけないの？

ペットショップもブリーダーも、犬・猫についてどのように考え、扱っているかは多様で、良い悪いは一概には言えません。例えば、迎えたい品種にこだわりがあるなら、無理に保護犬・保護猫を選ぶより、真剣に繁殖しているブリーダーから引き取ったほうがいい場合も少なくありません。まずは自分たち家族が犬・猫とどんな生活を送りたいのかをイメージし、それによって どんな犬・猫をどこから引き取るのかを考えましょう。

野良猫

街を放浪している、特定の飼い主がいない猫。環境が悪いと保護団体が保護することがある。民家の軒下などで出産して、子猫が保護されるケースも多い。

保護猫

飼育放棄

飼い主の引っ越しや死亡、アレルギーなど、何らかの事情で元の飼い主が飼育し続けられなくった猫。家庭で子猫が産まれて、引き取り手を探すケースも。

ブリーダー崩壊

繁殖していたブリーダーが廃業するなどして行き場のなくなった猫。繁殖できる年齢を過ぎたために捨てられた「繁殖引退猫」などもいる。

多頭飼育崩壊

多数の猫を飼育し、飼い猫の間で繁殖するなどして増えすぎた結果、世話をしきれなくなった家庭から救出された猫。犬より飼いやすいだけに起こりやすい。

ことではなく、命をつなぐリレーのバトンを受け取る以上、大切に育てていく道義的責任があります。

保護犬・保護猫も向き合い方は普通の犬・猫と同じ

1980年代以降の日本では、特に犬はペットショップから純血種を購入するのが主流でした。しかし、子犬・子猫を商品として量産する流れの中で、売れ残ったり捨てられたりすることで殺処分される犬・猫が後を絶ちませんでした。また、特に猫に関しては、未避 妊の野良猫がたくさんの子猫を産み落とし、殺処分となるケースも多くありました。ところが近年は、動物愛護の意識の高まりから犬・猫の殺処分の問題に脚光が当たり、犬・猫を購入するのではなく保護犬・保護猫を引き取ろうと考える人が増えています。

ペットショップやブリーダーにいろいろな犬・猫がいるように、保護犬・保護猫も多様で、その子その子に向き合う必要があるのは同じです。犬・猫を迎えたいと思ったら、ぜひ保護犬・保護猫も選択肢に入れて考えてみましょう。

02 どこから引き取る？

保護犬・保護猫は、できるだけ引き取りやすいところから迎えたいと思うかもしれません。しかし、せっかく動物保護活動の一端にかかわるなら、ペット業界全体の問題を考えて活動している優良な動物保護団体から引き取ってはどうでしょうか。

引き取る元は大きくは3種類

1 動物保護団体

犬・猫を救助し、管理し、譲渡する団体。大きなシェルターを持っているところから、自宅のみで個人で運営しているところまで、その規模はさまざま。多頭飼育崩壊の現場などから直接救助する団体もあれば、自治体の動物愛護センターからの引き出しがほとんどの団体、飼育できなくなった個人からの引き取りが多い団体など、どこから犬・猫を保護するかも団体によって異なる。

2 自治体の動物愛護センター

自治体が保護した犬・猫は、動物愛護センターや保健所に収容される。自治体によっては、愛護センターで譲渡前講習会や譲渡会を行うなど熱心に活動しているところも。

3 個人間の譲渡

里親募集サイトやSNS、知人などから情報を得て、個人間で直接やりとりするパターン。条件が厳しくない場合もあるが、明確なルールがないためトラブルになることも。

優良な動物保護団体は里親家族の強い味方

現在の日本では、保護犬・保護猫をどこから迎えるかの選択肢は主に3つ。「動物保護団体」、「動物愛護センターなどの行政施設」、知人やSNS、里親募集サイトなどを通した「個人間の譲渡」です。

中でもおすすめなのは、信頼できる保護団体を見つけて、そこと相談しながら家族のライフスタイルに合う犬・猫を探す方法。優良な保護団体は、その犬・猫と家族の5年後、10年後の生活も考えています。探すときにはプロの視点で合う子をマッチングしてくれたり、迎えた

後にも困ったことがあったら相談にのってくれたりと、家族の強い味方になってくれます。これは、その犬・猫と家族だけでなく、社会全体で幸せな犬・猫と家族を増やすことを考えて活動しているからです。

譲渡条件が厳しかったり、踏み込んだ審査があったり、他の里親希望者と競合になったりと、保護団体を敬遠したくなることもあるかもしれません。しかし、優良な保護団体なら、家庭の環境さえ整っていれば、一緒になって家族に合う子を探してくれるはず。また、優良な保護団体の活動に賛同し、そこから犬・猫を引き取ることは、ペット業界の構造的な問題を解決することにもつながるのです。

引き取るまでの流れ

保護

レスキュー

保護犬・保護猫

P8で解説したように、さまざまな経緯を経て行き場のなくなった犬・猫がいる。特に犬は、狂犬病予防法によって、飼い主不明であれば都道府県が抑留しなければいけないことになっている。

保護・捕獲

自治体の動物愛護センター

都道府県で犬・猫を収容する期間は7日間となっていて、以前はそれを越えれば殺処分されることも少なくなかった。現在はできるだけ殺処分しない方向になっており、特に野犬の多い地方ではパンク寸前になっている。登録した保護団体や条件をクリアした地元住民が、犬・猫を引き出せる。

殺処分

病気や攻撃性がある、譲渡先がないなどの場合は殺処分される。2021年度の全国の殺処分数は犬2,739頭、猫11,718匹。これでも50年前の90分の1近くに激減している。

引き出し

引き取り

保護活動をしている団体や個人

保護犬・保護猫の多くは、保護活動をしている団体や個人を通じて譲渡される。里親が決まるまでの一定期間は団体で保護されていることが多い。

シェルター

大きな保護団体は保護施設を持っていることもあり、どの子にするか決めていなくても見学しやすい。

一時預かり家庭

多くの保護団体では、一般家庭でボランティアが預かり、家庭生活に慣らしておいてくれる。

飼育できなくなった個人

環境省で殺処分ゼロに向けた取り組みが始まってから、動物愛護センターでは引き取ってくれないことも。個人から引き取らない保護団体もある。

引き取り

引き取り

譲渡

里親

動物保護団体や地元の動物愛護センター、個人からの引き取り、野良犬・野良猫の保護など、さまざまなルートで里親になれる。どんな子と暮らしたいかをイメージし、情報収集をしよう。

譲渡

03 保護犬・保護猫の探し方

インターネットで「保護犬」「保護猫」を検索すると、いろいろな情報が出てきて、何を見たらいいかわからないという人もいるでしょう。そこで、ここではインターネットでの調べ方や、実際に会いに行くときのポイントを解説します。

STEP1　インターネットで調べる

・動物保護団体のサイト・SNS

何も手がかりになる情報がない場合は、まずは検索エンジンに「動物保護団体　〇〇県（居住エリア）」と入れて検索し、地元の保護団体を調べてみよう。実際に見学に行ったり、届けてもらったり、譲渡後もコミュニケーションを取ったりすることなどを考えると、近くの団体から探すのは有効。気になる団体が見つかったら、サイトでどんな子がいるかや譲渡条件を確認し、SNSをフォローするなどして活動状況をチェックしよう。

・里親募集サイト

規模の大きい里親募集サイトには、保護団体にいる子や個人が里親募集をしている子、保健所にいる子など、さまざまな犬・猫の情報が集まっている。一度のぞいてみると、全体像がつかめるかもしれない。

・動物愛護センターのサイト

自治体によって、保護犬・保護猫の譲渡活動に対する熱意はさまざま。まずは地元のセンターのサイトをチェックし、どんな活動をしているか、どんな子がいるか、また譲渡条件などを確認してみよう。

まずは地元の保護団体を検索してみよう

　保護犬・保護猫を探すには、まずインターネットで下調べをしてから、実際に足を運んで会いに行くといいでしょう。優良な保護団体を探すなら、まずは地元の団体からチェックするのがおすすめです。しっかり事前調査をしているであろう、大手メディアや大手寄付サイトで紹介されている団体を見てみる方法もあります。

　また、「ペットのおうち」や「OMUSUBI」、「ハグー」といった著名な里親募集サイトには、保護団体や動物愛護センター、個人などさまざまなところにいる保護犬・保護猫の情報が集まっています。今どんな保護犬・保護猫たちがいるのか、また一般的な譲渡条件など、保護犬・保護猫事情の全体像をつかむことができます。そこで気になる子がいたら、その子の情報を掲載している大元となる保護団体のサイトやSNSなどをチェックしてみましょう。

保護犬・保護猫について楽しみながら知れる譲渡会

　インターネットで下調べをして、自分たち家

POINT 気軽に会いに行ける保護犬・保護猫カフェとは？

まだ保護犬・保護猫を迎えるか迷っているけれど、実際に会いに行ったり話を聞いたりしたい場合、保護団体に連絡するのはハードルが高いかもしれません。そこで、気軽に会いに行ける場所として、保護犬カフェ・保護猫カフェがあります。保護団体がシェルターを兼ねて運営している場合や、一時預かりボランティアが運営している場合などさまざま。犬猫との触れ合いが主な目的ではないので、犬猫たちの状況に合わせて接しましょう。

保護猫カフェでは、里親募集中の保護猫に会えることも

STEP2　実際に会いに行く

・譲渡会

保護団体や動物愛護センターなどが主催し、保護犬・保護猫のことを知ってもらったり会いに来てもらったりするために開催する。「譲渡会」と言ってもその場で連れて帰れるわけではなく、できるのは申し込みまでの場合が多い。複数の団体が集まって開催している譲渡会なら、一度に複数の団体を見られる。

・保護団体のシェルターや 一時預かり家庭

気になる保護団体や保護犬・保護猫が見つかった場合は、団体に申し込みをし、シェルターへ見学に行ったり、一時預かりボランティアの家庭へ面談に行ったりして、実際に会いに行こう。

・動物愛護センターの シェルター

地元の動物愛護センターに気になる保護犬・保護猫がいる場合や、センターから迎えることを検討している場合は、センターのシェルターへ見学に行こう。まずはボランティアとしてかかわるのもいい。

族に合いそうな保護犬・保護猫がどこにいそうかがだいたいわかったら、実際に会いに行ってみましょう。

まだ具体的にはなっていないけれど、とりあえず保護犬・保護猫を見てみたい、保護活動にかかわる人に会って話したいという場合は、各地で開催されている譲渡会に足を運んでみるのがおすすめです。最近は、犬や猫にまつわるグッズ販売などを行うチャリティブースが並んでいたり、トークショーが開催されたりと、誰もが楽しめるお祭りのような譲渡会も増えています。

気になる保護団体や保護犬・保護猫が見つかったら、その団体にアクセスし、見学や面談の申し込みをしましょう。この時点で、里親に応募することになる場合もあります。なぜなら、保護団体は人手不足のところも多く、保護犬・保護猫を迎える予定がない人に対応する余力がないためです。特に、一時預かりの一般家庭にいる子に会う場合は、その人とのスケジュールの調整が必要です。自身の仕事や生活の合間を縫って自費で活動している人がほとんどなので、相手の都合も尊重しながらやりとりするようにしましょう。

04 里親になれる条件とは

動物保護団体や動物愛護センターから譲渡を受ける場合、それぞれの犬・猫ごとに里親の条件が決められており、また家族構成や住居、家庭環境などの細かい個人情報を伝えなければいけないケースがほとんど。これらの目的はミスマッチを防ぐことなのです。

保護犬・保護猫とのマッチングは"お見合い"

ペットショップでは買い手にほぼ100％の選択権があるが、保護犬・保護猫の場合は譲渡取り引きのため、お互いに選ぶ立場。里親希望者側が迎えたいと思っても、保護団体が合わないと判断することもある。一方的な指名ではなく、お見合いのイメージだ。

恋愛や結婚と同じで、大切なのは相性。別の里親希望者に決まってしまったとしても、飼い主として劣っているわけではない

保護団体からの譲渡にはなぜ審査が必要か

保護犬・保護猫を救いたいと思って迎えることを検討し始めても、保護団体が提示している譲渡条件に合わなかったり、家庭環境を細かく審査されることにウンザリしたりと、戸惑う人もいるでしょう。子犬・子猫が商品であるペットショップやブリーダーと違って、保護団体の場合、一度は人から見放されてしまった保護犬・保護猫を二度と悲しい目に遭わせないように、マッチングにこだわることが少なくありません。また、譲渡後にトラブルがあると、団体としても同じことを繰り返さないために、どんどん条件を厳しくせざるを得なくなります。

以前は一律の条件で「単身者不可」「高齢者不可」などと決めている保護団体もありましたが、最近は「サポート体制が整っていればOK」、「その子の状態によってはOK」など、柔軟に対応してくれるケースが増えています。また、条件に書かれていなくても、迎えたい気持ちが衝動的ではないか、経済的・時間的に世話をする余裕があるか、先住犬・先住猫との相性はどうか、何か問題が起きたときにきちんと対話できそうかといったあたりは、面談などで必ず確認されます。いずれもミスマッチによって不幸になる犬・猫や家族を減らすためなので、誠実に対応するようにしましょう。

よくある譲渡条件

□ ペットを飼える住宅環境であること

ほとんどの団体では完全室内飼育を推奨している。集合住宅ならペット飼育可の物件であることが必須という場合がほとんどで、「ペット飼育可」が記載されている管理規約の提示を求められることもある。近隣住民とのトラブルによって、譲渡後に犬・猫を返還せざるを得ない状況にならないようにするため。

□ 動物を飼うことに家族全員が賛成していること

里親家族に保護犬・保護猫と幸せな生活を送ってもらうためにも、譲渡後に家族内でトラブルになって犬・猫を返還することにならないためにも、家族構成や家族全員の同意は確認される。里親に応募をすると、家族全員に見学に来てほしいと言われることもある。家族にアレルギーがないかも要確認。

□ 畜犬登録（犬）、狂犬病予防接種（犬）、混合ワクチン接種、フィラリア予防薬（犬）、ノミ・マダニ対策をすること

犬の畜犬登録、狂犬病予防接種は法律で飼い主に義務付けられており、犬に鑑札をつけておくことは迷子対策にもなる。また、犬・猫の混合ワクチン接種や犬のフィラリア予防薬投薬は、しておけば死亡するリスクのある感染症を予防できるもの。マイクロチップ装着（P.82参照）が条件の場合もある。

□ 不妊・去勢手術をすること（未手術の場合）

野良犬・野良猫や多頭飼育崩壊などによって保護犬・保護猫が生まれる原因の一つに、不妊・去勢手術をしていないことがある。これ以上行き場のない犬・猫を増やさないためにも、不妊・去勢手術は必須の場合がほとんど。術後に確認できる証明の提出を求められることもある。

□ （単身者や高齢者の場合）後継人やサポートしてくれる人がいること

単身者や高齢者は、飼い主本人に何かあったときに犬・猫が再び行き場を失うことがないように、慎重に検討されることが多い。さらに、引っ越しやライフスタイルの変化、飼い主の入院などで環境が変わる可能性が高いことも懸念される。サポートしてくれる人を複数見つけておきたい。

□ （子犬・子猫の場合）留守番の時間が短いこと

「留守番が4時間以内の方」など、以前は家族全員が仕事や学校に出かけなければいけない家庭では、保護犬を迎えられない場合がほとんどだった。最近でも、四六時中目の離せない子犬・子猫や要介護の犬・猫を迎えたい場合は、留守番時間の条件があることは少なくない。

05 保護犬・保護猫を どう選べばいい？

全国各所に膨大な数がいる、保護犬・保護猫。つい見た目で選んでしまいがちですが、自分たち家族に合った犬・猫を見つけるには、個体のデータをチェックし、世話している人の話を聞くなど、見た目ではわからない情報を集めることが大切です。

見た目だけでなくスペックをチェック

写真を見てひと目惚れするなど、犬・猫はどうしても見た目だけで選びそうになる。しかし、生活をずっとともにすることになるので、車と同じで、家族のライフスタイルに合っていることが大切だ。車を選ぶときにスペックを確認するように、犬・猫の個体情報もじっくり確認を。

保護団体などが提示している保護犬・保護猫のデータには、その子を知るためのヒントがいっぱい。じっくりチェックして検討しよう

ビビリでも、病気があっても 飼い主の生活にマッチしていればOK！

保護犬・保護猫を選ぶにあたって必ず確認してほしいのが、個体情報。保護団体ならホームページや里親募集サイト、SNSなどに掲載していることが多いですが、見つからなければ問い合わせましょう。また、見た目ではわからない性格や特徴は、保護団体のスタッフや一時預かり家庭など普段世話をしている人によくヒアリングします。

そして、5年後、10年後の生活に思いを馳せて、よく考えましょう。一緒に落ち着いた暮らしがしたいなら、若い子やヤンチャな性格の子よりも、落ち着いた成犬・成猫のほうがいいかもしれません。小さな子どものいる家庭であれば、攻撃性のある子は避けるべきです。

もちろん、人慣れしていないから、病気があるからといって、選ばないほうがいいというわけではありません。むしろ、人慣れしていく過程も含めて気長に楽しんで付き合える家族であれば、人に慣れていない子を迎えるのもやりがいがあるかもしれません。また、病気の子や高齢の子は、別れが早くきてしまう、迎えてすぐに医療費がかかる可能性が高いなどの理由で候補に上がらないことが多いですが、もっとも弱い立場にある犬・猫たちに目を向ける余地があるのなら、あえて選ぶのも意義あることです。

必ずチェックしたい項目

□保護された経緯

元野犬や野良猫であれば人間との暮らしに慣れていない、多頭飼育崩壊やブリーダー崩壊ならあまりケアがされていなかったかもしれないなど、性格や特徴にも影響する。

□年齢（推定年齢の場合も）

その子の活動性や、あと何年ぐらい生きそうかが想定できる。また、子犬・子猫や要介護の子の場合は目が離せず、しばらくはあまり留守にできない可能性が高い。

□性別

オスとメスどちらを選ぶかは、ほぼ好みの問題。かかりやすい疾患などがわかることもある。去勢時期の遅かった大人のオスは、先住の犬猫との相性が難しい可能性がある。

□不妊・去勢の有無

保護団体の場合、子犬・子猫でなければ譲渡時には手術済みなのが一般的。未手術の場合は今後手術費用が必要になる。また、去勢した月齢は性格や行動にも影響する。

□品種

犬・猫の品種とは人間が作り出したもので、見た目の違いだけでなく、作り出した目的が性格・特徴に影響する。必要な運動量やケアなども予想できる（犬はP.30参照）。

□サイズ

生活に必要なスペースや運動量、飼い主に求められるパワーなどにかかわる。子犬・子猫の場合は、親のサイズや、成犬・成猫時にどれくらいになりそうかを確認しよう。

□性格・特徴

家族の暮らしに合うかを見極める、重要なポイント。遺伝的要因と環境的要因が影響する。子猫や多頭飼育崩壊の場合、仲間やきょうだいで引き取ったほうがいいことも。

□健康状態・病歴

必要なケアや医療費をイメージできる。先住動物との隔離が必要になることも。特に犬の場合はフィラリア（P.78参照）、猫の場合は猫エイズ（P.124参照）の確認を。

06 引き取るまでのステップ

お金を出せばすぐ犬・猫を飼えるペットショップと違って、保護犬・保護猫を引き取るまでにはいくつかのステップがあり、それを経ても選ばれなければ迎えられません。新しい家族を迎えるためには必要なステップととらえ、忍耐強く取り組みましょう。

時間がかかることを想定する

生涯一緒に暮らす家族を選ぶのだから、時間がかかるのは当たり前。特に都市部では、子犬・子猫や純血種、小型犬に人気が集中し、応募が殺到すれば倍率は高くなる。保護犬・保護猫を探すうえで大切なのは、あまりこだわりを持たないこと。

里親希望者が条件を満たしていれば、あとはほぼ家族との相性で決められる。落選すると落ち込むが、あきらめず探そう

保護犬・保護猫を引き取るステップは「就職活動」のようなもの

保護犬・保護猫の場合、「この子にしたい」と思ってもすぐに迎えられるわけではありません。書類審査や面接を経て決まる、就職活動がイメージに近いかもしれません。ミスマッチを防ぐため、申し込みの書類や面談では、ごまかしたりつくろったりしないで、できるだけ正直に伝えましょう。

保護団体から引き取る場合、審査の流れや内容、重視することは、団体によっても異なります。特に、保護犬・保護猫の数が少なく里親希望者の多い都市部では、慎重に審査してから譲渡される場合が多く、早くても1〜2カ月程度はかかります。一方、保護犬・保護猫が多く里親希望者の少ない地方では、簡単な面談のみでどんどん譲渡する団体もあります。即決できる場合もありますが、譲渡後のミスマッチのリスクは高くなります。最近では、地方にあふれる保護犬・保護猫を都市部に輸送し、都市部の保護団体で里親募集をするケースもあります。ただ、自然の中で育ってきた子が都会で生活するには相応の苦労があり、逸走のトラブルも少なくありません。

飼い主初心者であれば特に、時間と手間がかかっても、丁寧に審査しマッチングしてくれ、アフターフォローも手厚い団体から引き取るのがおすすめです。団体の卒業犬・猫のコミュニティがある場合もあります。

保護団体から引き取るまでの流れの例

里親側

保護団体側

申し込み

ホームページや里親募集サイト、譲渡会に設置されている申し込み用紙などから、希望する保護犬・保護猫の里親に応募をし、引き取りたい意思を伝える。

書類チェック

団体が申し込み内容を確認。先着順ではない場合がほとんどだが、明らかに譲渡条件に合っていない場合や、申し込みが殺到している場合は、書類で落選になることも。

面談

保護団体のスタッフや一時預かりボランティアと面談し、希望する子と対面する。申し込み内容の確認や、家族や同居動物との相性のチェックなどが行われる。

検討

団体側では、どの家族に譲渡するかを慎重に検討する。里親希望者側も、実際に希望の子に会ってみての率直な感想を家族で話し合い、本当に希望するかを検討しよう。

犬・猫を受け取り、環境チェック

晴れて里親に選ばれたら、団体が自宅まで届けてくれる場合と、受け取りに行く場合がある。同時に環境のチェックを行い、改善すべき点があればアドバイスをくれる。

トライアル期間

トライアル期間とは、犬・猫と家族が試しに暮らしてみることだが、正式譲渡を前提にしている場合がほとんど。さまざまな事情でトライアル期間を設けていない団体もある。

正式譲渡

トライアル期間中に、家族や先住動物との相性や、その子と本当に暮らしていけそうかを最終確認。団体側も里親希望者側も問題ないと判断したら、正式な家族に!

07 直接面会してから決めよう

オンラインで何でもできてしまう昨今ですが、大切な家族を迎える際には、必ず事前に対面してからにしましょう。保護主や以前の飼い主と直接話し、迎える犬・猫がどんな環境で生活していたかを見ておくことは、譲渡後の生活にも役立ちます。

信頼できる団体かを確認

□適切な飼育環境か

衛生的な環境か、居場所の広さは十分か、清潔な飲み水がいつでも飲めるか、スタッフの人数は十分か、においはひどくないかなど、適切に運営できている団体なのかを確認しよう。

□犬・猫たちの状態

保護されたときの状態が悪いのは仕方ないが、その後清潔に保っているか、人間との触れ合いがあるか、適度な運動をさせてもらっているか、獣医師による健診や治療を受けているか、などを確認。

□スタッフたちの対応

保護団体との付き合いは譲渡後も続く場合があり、またトラブルがあれば何度もやりとりすることになる。スタッフたちが里親希望者の質問に対して誠実に回答してくれるか、などを確認しよう。

希望している犬・猫の状態だけでなく、団体自体が適切に運営されているかも見よう。信頼できる団体に出会えれば、希望した子を引き取れなくても、他に合いそうな子がいないかなど相談できる

百聞は一見にしかず。
実際に目で見て判断しよう

どこから保護犬・保護猫を引き取る場合でも、オンライン上のやりとりだけで決めないようにしましょう。譲渡会に足を運ぶ、シェルターへ見学に行く、面談時に対面するなど、実際に保護主と犬・猫に会って、どんな環境で飼育されていたのか、また事前に聞いていた情報と合っているかなどを確認してから決めます。特に譲渡直後は以前いた生活環境からガラリと変えないほうが順応しやすいた

め、どんな環境で暮らしていたのかを見ておくことは、譲渡後のためにも有効です。

動物保護団体から迎える場合、信頼できる団体を見つけることが、譲渡成功のカギを握ります。支援金や支援品の使い道が明確で、収支報告がきちんとされている団体は、信頼度が上がります。団体名に「特定非営利活動法人（NPO法人）」が付くことも、明確な会計処理が行われているなど、信頼をはかる一つの判断基準になります。とはいえ、個人で小規模に活動していても、信頼できる人はたくさんいるので、実際に会って話してみるこ

POINT 悪質な自称 " 保護団体 " に注意

保護犬・保護猫への注目が高まるにつれて、善意に付け込み、保護団体を名乗って悪質な取り引きを行う団体も出てきています。ペットショップやブリーダーと連携し、売れ残った子や問題のある子を引き取って保護犬・保護猫として販売するなどの形で、営利活動を行っています。譲渡費用は、医療費などの実費として 2 ～ 5 万円程度が相場です。協力金や寄付金などとしてそれ以上の金額を請求してくるようなら、保護団体を語る営利団体の可能性があります。譲渡に付随して、特定のペット保険への強制加入や、フード購入の数年契約などを求められるケースにも注意が必要です。

犬・猫たちの実際の状態をチェック

□事前に聞いていたスペックの確認

希望の犬・猫と対面したら、後から気づいてミスマッチとならないよう、事前に聞いていた個体情報（P.17 参照）が実際と合っているか確認しよう。

□健康状態

譲渡時の健康状態によって、譲渡後にかかる費用や手間が大きく変わってくることもある。病気や障害があるなら、事前に詳しく教えてもらって想定しておこう。

□飼い主との相性

できるだけ家族全員で訪問し、犬の場合は先住犬も連れて行ってよければ連れて行って、相性を確認。最初から心を開いてはくれないかもしれないが、感触を見よう。

実際に対面してこそわかる情報もある。ただし、人慣れしていない子に対しては特に、無理に近づいたり、じっと見たりはしないようにしよう。初対面のときの接し方は、犬は P.44 ～、猫は P.108 ～も参照

とがいちばんです。

逆に、保護団体を名乗って営利活動をする、悪質な団体も存在します。扱っているのが純血種ばかりや、子犬・子猫ばかり、誕生日が明確な子が多いなら、ブリーダーやペットショップと提携して営利を得ている団体の可能性があります。また、高額な費用を請求してきたり、里親募集が入札式だったり、過剰な活動報告をして寄付金を集めたりしている団体も疑わしいです。怪しいと思ったら、実際に犬・猫たちをどこからどのように保護したのか聞いてみましょう。

犬・猫と対面したら
疑問点はクリアにしておこう

希望の犬・猫に会ったら、主には事前情報とのすり合わせを行い、家族や先住動物との相性を見ます。また、人への慣れ具合や健康状態などは、実際に会って見たほうが正確に把握しやすくなります。そのうえで疑問に思ったことは、率直に聞いておきましょう。保護団体の面談の際は、事前に犬・猫についてある程度勉強しておいたほうが、マッチングの可能性は上がるかもしれません。

COLUMN
なぜ保護犬・保護猫が減らないの？

　日本の保護犬・保護猫のほとんどが「繁殖流通販売システムの問題」か「野良犬・野良猫問題」から生まれています。ペットショップで子犬・子猫を店頭に並べておくために、繁殖業者は無理な繁殖を繰り返し、ショップはそれを仕入れます。結果、遺伝的に問題のある子が産まれたり、売れ残って捨てられたり、営利目的で「保護犬・保護猫」として再流通されたりします。また、地方には今も多くの不妊・去勢をしていない野良犬・野良猫がいて、妊娠・出産を繰り返しています。犬は全頭捕獲を目指し、猫は収容しきれないため一部は不妊・去勢して地域猫として世話されています。これらに加えて、一般の飼い主が何らかの事情で犬猫を飼えなくなり、手放すケースもあります。ゴールは、すべての犬・猫に家庭という居場所を見つけること。それには、保護犬・保護猫が産まれ続ける蛇口を止めることと、引き取って育てる受け皿を増やすことの両面で活動を進めていく必要があるのです。

・動物福祉を守らないショップや繁殖業者から犬・猫を買わない
・保護犬・保護猫、特に元野良犬・元野良猫の里親になる
・地域猫活動に参加する

CHAPTER
02.
犬との暮らしの準備編

01 犬との暮らしを思い描いてみよう

まずは、自分たち家族が犬とどんな暮らしをしたいのか、イメージしてみましょう。アウトドアで元気いっぱいに遊びたいのか、シニア犬とのんびりとした日々を過ごしたいのか……。それによってどんな犬を探して迎えるかが変わってきます。

野山や水辺など大自然を堪能する

のびのび過ごせる自然は犬も大好き

走り回ったり転げ回ったりにおい嗅ぎをしたりと、犬が本能のままにしたいことをさせてあげながらのびのびと過ごす。元野犬や野良犬、アクティブな猟犬系の犬種などに向く過ごし方。その分、体が汚れたり、虫がついたりといった衛生面のケアも必要になる。

シティライフや観光を楽しむ

犬と一緒にカフェや買い物へ

都会には犬連れで入れるカフェやショップが多数。旅行好きなら、ドッグフレンドリーなエリアに出かけて、愛犬と一緒に観光や買い物、飲食店を楽しむこともできる。人間社会に慣れていない子にはハードルの高い過ごし方なので、洋犬系の小型犬などに向く。

何気ない日常を一緒に過ごす

のんびりした時間を共有する

公園を散歩したり、窓際で日向ぼっこをしたり、何気ない日常の時間を共有するだけでも、犬との暮らしの素晴らしさを感じられるはず。犬と一緒にのんびりとした時間を過ごしたいなら、高齢犬との暮らしからスタートするのもいい。

アクティビティやドッグスポーツを楽しむ

犬と一緒に達成感を得る

トレーニングをして犬と一緒に何かを成し遂げたい場合は、アジリティやフリスビーなどのドッグスポーツという楽しみもある。セラピードッグや災害救助犬、探知犬など、犬と一緒に働いて社会貢献をすることも。カヌーやSUPなどのアクティビティをするのもいい。ただし、犬の適性をよく見る必要がある。

どんな暮らしをしたいかによって迎える犬も準備も変わる

　犬を迎えたいと思ったときに、どんなライフスタイルをイメージしているでしょうか。犬とアウトドアに出かけたい、犬友達とドッグカフェや旅行に出かけたい、のんびり散歩したいなど、犬と一緒にしたいことをできるだけ具体的にイメージしましょう。そのうえで、そのイメージに合う犬を選ぶことが、この先犬と幸せな暮らしを送るうえで大切になってきます。

　犬とどんな生活をするかによって、ワクチンの種類やトレーニング内容、必要な道具など、犬に対してかける時間やお金、手間も変わります。例えば、犬とアウトドアを楽しむなら、ノミ・ダニ対策をしっかりし、レプトスピラ症予防のために8種以上の混合ワクチンを接種しておくのが安心です。

　ただし、どんなに理想的な犬との暮らしをイメージしていても、実際に迎えてみたらその通りにはいかないことは多々あります。特に保護犬は来歴がわからない子も多く、思いがけない性格や特徴、病気などが後から判明する可能性もあります。それでも、家族として迎えた犬本意で暮らしていくという覚悟を持つことも、保護犬を迎えるうえでは大切なことです。

02 犬の生涯と自分や家族の ライフプランを確認しよう

犬と一緒に暮らし始めると、旅行や出張、ちょっとした買い物、引っ越しなど、どんなときでも犬のことを考えながら生活することになります。犬の平均寿命は小型犬なら14歳。子犬を迎えたら、今後14年間一緒に暮らし、晩年は介護が必要なこともあります。

犬の生涯	犬のライフステージ	飼い主が注力したいこと
子犬期	**さまざまなことに慣れる** 生後4カ月くらいまでは人間との暮らしに慣れる重要な期間。また、2歳くらいまでは好奇心と体力があり、体を作る時期でもあるため、適度に体を動かすことも必要。	**社会化と基礎トレーニングの実施** 犬との暮らしで困らないようにするためにも、若いうちに基礎トレーニングや社会化を意識的に行う必要がある。犬と向き合う時間をたくさん確保しよう。
成犬期	**パワフルに遊ぶ** 2〜7歳くらいまで。落ち着きが出てくるが、社会化と運動による体作りの継続が必要。子犬期より時間がかかることがあるが、トレーニングを始めるのに遅くはない。	**トレーニングの習慣** お出かけやアクティビティ、ドッグスポーツなど、犬との暮らしを目いっぱい堪能できる時期。犬が一度覚えたことでも、継続してトレーニングし続ける習慣をつける。
シニア期	**落ち着きが出る** 歩く速度が落ち、距離が短くなっても、散歩の時間をしっかり確保する。歩くことが難しくなっても、歩行補助ハーネスや車椅子、カートなどで外に出て気分転換をさせる。	**健康維持・介護対策** 病気になって通院したり、健康維持のためのサプリメントを飲ませたりと費用がかさむ時期。介護が始まると生活パターンが変わるので、心と時間に余裕をもつことが必要。

仕事や家のこと、学校や習い事……
そのなかで犬に向き合う時間を作る

保護犬を迎えるにあたって、成犬ならおおよその寿命をイメージしておきましょう。実際は何があるかはわかりませんが自分自身のライフプランを見通しを立てましょう。先のことを考えずに犬を迎えると、飼い主や犬に何かあったときに厳しい状況になります。例えば、今は学生でも就職したらどんな暮らしになるのか、もし結婚、出産をしたら飼い続けられるか、仕事で海外転勤が多い部署に配属されたら連れて行けるかどうか。自分の将来に高確率で起こり、ライフステージが変わることを見越して迎えられると安心です。

保護団体によっては、そういった将来のことを質問されることもあります。

また、保護犬によってはトレーニングにかける時間や費用も多くかかるので、そうした経済面やスケジュールを確保することも重要です。

犬がいる生活の一日（夏）

5:30 ～ 6:30　涼しい時間帯の散歩

日が出ると、あっという間にアスファルトが熱くなってしまう。肉球の低温火傷や暑さからの熱中症を防ぐためにも、早めの散歩をする。

早朝なら地面も熱くなく、アスファルトからの照り返しも少ない

日中の過ごし方

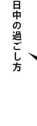

日中は基本エアコンをかけっぱなし。設定温度は 22 ～ 24℃

20:00 ～　気温が下がった後に散歩

暑さ対策に、夕方の散歩も日が暮れた後がおすすめ。18 ～ 20 時ごろは学生の下校や社会人は帰宅などで交通量が増えるため、都市部では犬が安心して歩けるコースを選ぶ。

犬がいる生活の一日（冬）

6:30 ～　日の出後の散歩

日の出が一番遅いのが 12 月中旬。東京なら 6:30 でやっと外が明るくなる。日が出る前は寒くて暗いので、明るくなり始めてからの散歩がおすすめ。

冬の朝は寒く、飼い主にも犬にも負担がかかる

日中の過ごし方

寒さに弱い犬種の場合には暖房をかけておく

16:00 ～　日没前に散歩

日没が一番早いのは 11 月末から 12 月中旬までで、東京では 16 時半ごろには日が暮れてしまう 17 時を過ぎるとすでに暗く寒くなるので、可能であれば日のあるうちに散歩しておけるとよい。

POINT　家族がいる場合は協力し合う

　同居する家族がいる場合は、犬の世話を一人で背負わず、皆で協力し合いましょう。散歩やごはんの世話を交代ですることによって、一人の負担を減らし、家族に何かあったときにも臨機応変に対応できます。トレーニングも一人で行うのではなく、内容やルールを家族と共有し、犬やほかの家族が混乱しないようにしましょう（P.32 参照）。

　一人暮らしの場合は、犬の世話を一人で担う必要がありますが、自分に何かあったときの備えもしておくと安心です。体調不良や用事などでどうしても世話できないときに、信頼して任せられるペットシッターや友人・知人を見つけておきましょう。そんなときの犬のストレスを減らすためにも、散歩やごはんはルーティーン化していつも同じ時間にせず、時間や散歩のルートに適度に変化をつけておくのも大事です。

03 犬の飼育にかかる費用

犬と暮らすのにどのぐらい費用がかかるのかを事前に知っておき、毎月の収支やマネープランに無理がないかを確認しておきましょう。フードやグッズなど定期的な出費だけでなく、突発的に手術や通院の費用がかかる場合があることも見越しておきましょう。

初期費用は小型犬で約 70,000 円、毎月かかる費用が約 10,000 円〜

初期費用
・首輪やクレートなど道具類

初期費用として、犬が身につけるもの(〜10,000円)、トイレトレー、クレート、ケージ(〜20,000円)、継続的に発生するトイレシートやウンチ袋などの消耗品(3,000円)等が必要。

初期費用
・不妊・去勢手術の費用

病院によっても異なるが、オスは10,000〜20,000円程度、メスは開腹が必要なため15,000〜30,000円程度。自治体によっては条件付きで助成金があるところもある。

毎月かかる費用
・フードやオヤツ

小型犬のフードが平均して月に5,000円ほど。その他に、トレーニングなどのためのオヤツ(約1,000円)など。月間6,000円とし、年間で72,000円ほど。

毎月かかる費用
・フィラリア・ノミダニ予防薬

飲み薬の場合、体重によって薬のサイズが変わり値段も変わる。小型犬なら1錠2,500円〜を5〜12月に毎月飲ませる。ノミ・ダニの予防薬には皮膚に滴下するタイプも。

毎年かかる費用
・ペット保険(任意)

年齢にもよるが小型犬で月1,500円〜。保険に入るためには年齢や持病の有無など、条件を満たす必要がある。獣医師に年齢を推定してもらえば加入できる場合もある。

毎年かかる費用
・健康診断(年一度を推奨)

健康診断の価格は地域や検査項目の内容次第で異なり5,000〜30,000円ほど。最低限なら触診と血液検査。結果によっては、エコーをとるなど精密検査へ繋がることも。

毎年かかる費用
・狂犬病ワクチン(義務)

基本的に年に一度、4〜6月の間に行い、費用は約3,000〜4,000円。一度役所で畜犬登録を済ませれば、地域にもよるが、春先に予防接種のお知らせが届く。

毎年かかる費用
・混合ワクチン(任意)

〜1万円ほど。予防する感染症の種類によって2〜8種類まであり、飼い主の任意で接種させる。狂犬病ワクチン接種と同時に打てないので時期を管理する必要がある。

POINT 譲渡費用には経費が含まれることも

保護犬は無料で引き取れると思っている人もいるかもしれません。しかし、保護団体から譲渡してもらうときには、保護してから譲渡するまでにかかった経費の一部を、譲渡費用として支払うことが多いです。譲渡の前に説明がなくても、必ず具体的な金額と内訳を確認しておきましょう。最低限かかる費用は、マイクロチップ挿入、ワクチン接種、健康診断（フィラリア検査）、ノミ・ダニの駆除、輸送費などが基本です。

保護犬・保護猫が少しずつ普及してきたことに伴い、「動物保護団体」を名乗って高額な費用を請求をする営利団体も現れているようです（P.21参照）。求められている費用は適正か、またインターネットで過去にトラブルがないかなど調べておきましょう。

そのほか一時的にかかる費用

一時的な費用
・ペットホテル

小型犬で1泊3,000円〜が目安。元保護犬の場合、警戒心の強い子もいるので、注意が必要。保護犬に慣れているスタッフがいることや、宿泊の環境などを考慮して選ぶ。

一時的な費用
・ペットシッター

基本的に小型犬60分（換気・食事・散歩など）で4,000円（＋諸経費）が目安。在宅でも散歩だけを頼むといった依頼の仕方もある。登録料や繁忙期の追加料金などがかかることもある。

一時的な費用
・通院・薬代・トリミング代

初診料で1,000円〜。動物病院は自由診療のため、地域や病院によって価格が異なる。持病があると、薬代は毎月数万円になることもある。トリミング犬種の場合は定期的にトリミング代がかかる。

一時的な費用
・トレーニング費

地域やトレーナーによって異なる。小型犬で1時間3,000円〜＋諸経費。グループレッスンや個人・出張（自宅に来てくれる）などによって異なり、定期レッスンかどうかでも変わる。

POINT 狂犬病予防接種は飼い主の義務

狂犬病は、動物も人も発症すると致死率100%の恐ろしい病気で、世界で年間5万人もの人が亡くなっています。日本では昔、野犬を殺処分するという大きな犠牲を払って狂犬病を撲滅した歴史があり、その後蔓延することがないよう、犬への予防接種が義務化されています。この日本の狂犬病清浄国という状況を守るために、毎年の狂犬病予防接種を必ず行いましょう。

犬のワクチンは、義務の狂犬病のほかに、任意の混合ワクチンがあります。ワクチンの詳細はP.78で解説しているので、犬とどんな暮らしをするのかによって、必要な接種を行いましょう。

東京・世田谷区からの狂犬病接種のお知らせの封書。だいたい3月ごろに届く。

04 迎える犬がどんな気質か 犬種や見た目から想像しよう

犬種とは人間が目的に合わせて作り出したもので、それぞれの犬種には特徴があるため、ある程度の性格や習性を予想できます。雑種であっても、出身地や見た目などから想像することはできます。ただ、実際のところは世話している人に聞きましょう。

犬の見た目からルーツを想像する

純血種

犬種とは、人間が狩猟などの目的や好みの見た目に合わせて選択繁殖を続け、作り上げてきたもの。特定の団体から発行される血統書によって、その犬種の純血種であると証明できる。

雑種・ミックス

雑種は、多様なルーツを持つ犬。純血種は遺伝的な病気を抱えていることがあるが、雑種はそういうリスクが低い。人間が意図的に2つの犬種をかけ合わせた犬を、ミックスと言い分けることもある。

原始的な犬

柴犬やスピッツ、ポメラニアンなど。オオカミに近く、警戒心や縄張り意識が強い

狩猟犬

人間が狩猟をするときのパートナーとして作られてきた犬たち。獲物や役割によって犬種が分かれる。小型でも活発で体力がある。

獣猟犬

鳥猟犬

嗅覚系
セントハウンドとも呼ぶ。優れた嗅覚と大きな吠声で獲物を追う

視覚系
サイトハウンドとも呼ぶ。優れた視覚と走力で獲物を追う

ダックスフンド（アナグマ猟など）
短い足で穴に住むアナグマやウサギを追い、吠えて獲物を止まらせる

テリア（キツネ猟など）
穴の中に住む小型獣を仕留める。勝気で勇敢な性格は「テリア気質」と呼ばれる

ポインター、セッター
獲物を見つけたら片足を上げて場所を知らせるのがポインター、フセして知らせるのがセッター

その他
鳥を飛び立たせたり、ハンターが撃ち落とした鳥を回収してきたり（レトリーバー）する。人と共同作業するのが好き

犬のサイズは大きく３つに分けられる

小型犬

成犬時に体重8kgくらいまでの犬。小学生でも抱えられるサイズ。日本では主流で、賃貸物件やペットホテルは小型犬までということも多い。

都市部では飼いやすい。小型犬でも散歩や運動の時間は必要。保護犬ではブリーダー崩壊や繁殖引退犬などが多い

中型犬

体重18kgくらいまでの犬。大人なら抱えることはできるが、大きめの子だと抱えて歩くのは大変。運動量があり、散歩の時間も多く必要。

野犬や野良犬などで一番多いのが中型犬の雑種。活発な子が多く、たくさん運動させることが必要

大型犬

体重約20kg〜。人が抱えて歩くのは困難。大きい分、運動量が多く、散歩の時間をしっかり確保する必要がある。フードの量、排泄物も多くなる。

比較的大らかな気質の犬が多いが、ちょっとしたことが事故につながるので、トレーニングの徹底と飼い主の体力が必要

その他の使役犬

ミニチュア・シュナウザー、ドーベルマン、セント・バーナードなど。番犬や警護犬、護衛犬、追跡犬、荷物運搬犬、救助犬など、さまざまな仕事をする

牧羊犬・牧畜犬

シェトランド・シープドッグやボーダー・コリーなど。羊などの家畜の群れをとりまとめて誘導したり、保護したりする仕事をする

愛玩犬

シーズーやチワワ、ボストン・テリアなど。貴族や王族がかわいがるために作られた。小型でおとなしい犬が多い

犬種を限定しすぎず
幅を持たせて保護犬を探そう

　犬を迎えたいと思ったら、自分たち家族のライフスタイルに合う犬種を探すのが、一般的な選び方です。見た目の好き嫌いだけでなく、その習性や性格も含めて選ぶことが重要になってきます。気になる犬種がいたら、犬種図鑑などでその犬種の歴史や作られた目的などを調べてみると、犬種をより深く理解できます。ブリーダーやペットショップから迎えるのであれば、それで問題ありません。

　ただ、保護犬の場合、純血種は人気が高く、犬種限定で探すとなかなか決まらないこともあります。「このぐらいのサイズの、こういうタイプの犬」と幅を持たせて探すといいでしょう。雑種であっても、見た目からどんな犬種の血が入っていそうかを想像することはできます。小型犬でも、愛玩犬系ではなく猟犬系の犬種に近ければ、運動量が多い可能性があります。また、元野犬や野良犬に多い日本犬系の中型雑種犬は、オオカミに近い原始的な犬である可能性が高いです。警戒心が強めですが、接し方次第で家族に忠実な最高のパートナーになります。ただし、見た目で決めつけず、その犬の性質をよく観察することが大切です。

05 家族で話し合って おきたいこと

保護犬を迎えることは、飼いたいと言い出した人だけでなく、家族みんなに関係することです。同居している人全員に対して、犬に関する情報を共有し、守るべきルールを話し合っておくことが大切です。

家族で共有したいテーマの一例

□ 家に迎える以前はどんな生活をしていたのか。

□ どんな性格や特徴の子か。

□ 犬の居場所はどこにするか。

□ 二重のドア両方が開いている状態にしない。

□ 外に出かけるときの、首輪、ハーネス、リードのつけ方。

□ 散歩はいつ誰がどこにどれぐらい連れて行くのか。

□ ごはんはいつ誰があげるのか。

□ トイレはどこにどのように設置するか。

□ トレーニングはどのように行うか。　　など…

一緒に住んでいる人全員と情報を共有する。みんなに守ってほしいルールは、子どもや高齢者にもわかるように伝えよう

一人で負担を抱えられないのは 育児と同じ

保護犬を迎えることが決まったら、一緒に住んでいる家族全員で情報を共有し、犬と暮らすうえでのルールなどを話し合っておきましょう。なぜなら、例えば犬の迷子のトラブルは、メインで世話をしている人ではなく、高齢者や子どもがドアを閉め忘れるなどして起きる場合も多いからです。また、家族のうちの誰かにだけ吠えたり威嚇したりすると

いった問題もよく聞きます。

まずは、犬の基本的な習性について、そして迎える子の背景や特徴などを、家族全員で共有しましょう。また、その子に合わせた生活のルールを保護団体と一緒に作り、言語化して、家族みんなで一貫して守るようにします。毎日のごはんや飲み水の用意、散歩など、家族内での役割分担も大切です。運動量の多い犬であれば、毎日たくさんの散歩が必要になります。子犬や要介護の子であれば、なかなか家を空けることはできなくなります。一

子どもに伝えておきたい接し方のルール

突然大きな声を出したり走り出したりと、行動の予測がつかない子どもは苦手な犬も多い。家族に子どもがいる場合は、特に接し方をよく伝えておき、しばらくは子どもと犬だけにしないようにしよう。

小さな声でゆっくり動こう

大きな声を出すと、犬は驚いてしまう。また、動くものを追いかける習性があるので、子どもが走ると獲物のように追いかけてしまい、子どもに恐怖を与える可能性がある。

手は下からそっと出そう

手を上から出されると、犬は恐怖を感じて逃げたり反撃したりする可能性がある。また、ビビリの犬に対しては、子どもは手を動かさず、犬から近づいてくるのを待つように教えよう。

寝ているときは邪魔しない

犬が寝ているときは、人間同様、休息のための睡眠が必要なとき。睡眠不足になると健康を害することもある。起こしたり、近くで大きな声を出して騒いだりしないように教えよう。

犬のケージやベッドに入らない

縄張り意識の強い犬は、自分の寝床や食器、オモチャなどを守るために威嚇したり攻撃したりする可能性がある。犬のベッドなど「自分のもの」と認識しているものには触らせないようにしよう。

人で全部担おうとすると負担になり、またいざというときにも他の家族に頼むことができません。家族それぞれが犬との信頼関係を築くためにも、日々の世話を分担しましょう。

トレーニングに関しても、犬を混乱させないために、家族でルールを統一して徹底することが大切です。何はしてもよくて、何はしてはいけないのか、褒め言葉は何にするかなど、一緒に暮らしながら少しずつルールを作っていきます。そして、ルールを決めたら、都度家族全員に共有しましょう。

迎える前から話し合っておきたい
緊急時のこと

緊急時のことも、家族で事前に話し合っておくと安心です。特に病気のある子や高齢犬を迎える場合は、どう世話するかや治療方針、金銭面のことなど意思を統一しておきましょう。また、家族が病気になったり、出張や冠婚葬祭で家を空けることになったり、犬が体調を崩したりしたときにどうするかも相談しておくと、いざというとき焦らずに済みます。

06 家の環境を整える

犬を迎える日がだいたい決まったら、それまでに家の環境を整えて、安全で安心できる犬の居場所を作っておきます。保護団体から迎える場合は、その子にはどんな環境が合っているかを相談し、最終的には実際の住環境を見て助言してもらいましょう。

犬の居場所を作る

クレートを用意する

犬が安心できる隠れ場所として、全面がプラスチックなどで囲われているクレートを用意。普段は扉を開けておく。

居場所をサークルで囲む

トイレトレーニングができていない子犬の場合は、サークルで居場所を限定するとよい。大型犬の場合は6畳程度のスペースが必要。

ベッドを置く

自分のにおいがして安心できるベッドやクッションを用意。前の家で使っていたものを置けるとベター。

フードボウルと水飲みボウル

常に新鮮な水が飲めるよう、水飲みボウルを設置する。フードボウルは、食事が終わったら下げるのが基本。

トイレは好みにあわせて設置

排泄はトイレシートでできるようにトレーニングするのが望ましい。最初は以前の住環境に合わせて設置しよう。

最初は前の住環境に近づけるのが基本

犬の居場所をどこにするか、サークルで囲むか、ベッドやトイレはどんなものを置くかといったことは、最初は迎える前にいた環境に近づけると、新しい家にも順応しやすくなります。保護団体から迎える場合は、どんな環境で生活していたか、スタッフや一時預かりボランティアによく聞きましょう。一般的には、犬の居場所は家族の姿が見えたり声が聞こえたりする位置で、ドアや人の通り道の近くではない、比較的静かな場所を選びます。

また、犬が出入りする部屋からは、危険なものを取り除いておきます。特に誤食すると危険なものは、煙草や灰皿、ヒモ状のもの、コードやケーブル、アクセサリーやクリップ、乾電池、タオル、靴下、洗剤、薬品、針、串、ラップ、トウモロコシの芯など。観葉植物の中には犬が食べると危険なものもあるので、調べてけておきます。最終的には、保護団体にチェックしてもらいましょう。

こんなところを整えよう

脱走や誤食といった事故は犬の命にかかわる場合もあり、起こってしまってからでは取り返しがつかない。保護犬を迎える前に自宅の環境を整えておき、事故を防ごう。

扉や柵を二重にする

特に家や飼い主に慣れていないうちは、脱走対策は最重要。1カ所を閉め忘れたり突破されたりしてもいいように、柵などを使って、犬の居場所から数えて二重扉にすることがポイント。

床は滑りにくいように工夫する

フローリングやタイルは滑るものが多い。犬がよく通る場所には、100円ショップでも入手できる、毛足の短いタイルカーペットを敷くのがおすすめ。部分的に洗ったり取り替えたりもしやすい。

キッチンに入れないようにする

キッチンには包丁や熱湯、誤食しやすい生ゴミの入ったゴミ箱など、危険なものがたくさん。入れないように柵などを設置しよう。その他、和室や寝室、階段など立ち入り禁止の場所を決めて対策しよう。

コードをかじられないようにする

コンセントや電気コードはかじったりオシッコをかけたりすると感電する危険がある。100円ショップにも売っているワイヤーネットを結束バンドで留めて柵にするなどして、ガードしよう。

ゴミ箱を漁られないようにする

ゴミ箱には、食べ物の容器や廃棄部分など犬が誤食しやすいものが入っていて、漁られやすい。ふた付きにする、高い位置に置く、棚の中に入れる、柵で囲うなどして対策をしよう。

07 迎える前に用意するもの

犬との暮らしに必要なものはいろいろありますが、迎える前には、ここにあげたものを
準備をしておくといいでしょう。購入する前に、保護団体など前に世話をしていた人に、
どんなものを使っているか、どんなものが好きかを確認しておくのがおすすめです。

サークル

トイレトレーニングのできてい
ない子犬の場合は、あるとい
い。フリーで生活できる成犬で
あれば、必要ない。

クレート

プラスチックの丈夫なものがあ
ると、車移動時や災害時にも
便利。トライアル中は保護団
体から借りられることも。

ベッド

迎える前の家で使ってい
た自分のにおいがついた
ものや、それに似たもの
がおすすめ。クレート内に
も敷くとよい。

**トイレトレー、
トイレシート**

子犬の場合、シートの上にメッ
シュを重ねるタイプのトレーだとイ
タズラしにくい。枠の段差が気に
なる子には、段差の少ないシリ
コンのもの(写真下)もある。

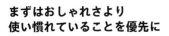

まずはおしゃれさより
使い慣れていることを優先に

　近年、おしゃれな犬用アイテムなどもいろ
いろ発売されており、犬を迎えたら使いたい
と思っていたものがある人もいるかもしれま
せん。しかし、環境変化によるストレスを軽
減し、新しい家の環境に早く慣れさせるため
には、最初は前にいた場所で使っていたのと
同じか似たアイテムを使って、前の住環境に
近づけるのが基本です。

　保護団体から引き取るならスタッフや一時

預かり家庭に、動物愛護センターなら職員に、
個人間の譲渡なら前の飼い主に、どんなもの
を使っていたのかを細かくヒアリングしま
しょう。保護団体からのトライアル期間中は、
団体が所有しているものを貸し出してくれた
り、犬を届けに来るときにくれたりすること
もあります。フードは特に、変えると下痢を
する恐れがあるので、種類や量、回数、時間
を確認し、1週間程度はそれまでと同じ食生
活を維持します。犬が新しい環境に慣れたら、
少しずつ家族の好みのものや使いやすいもの
に変更していっても問題ありません。

ハーネス、首輪

ハーネスは、前脚の動きを制限しないH型がおすすめ。首輪は、抜けにくく首に負担がかかりにくい、ナイロン製のハーフチョークが使いやすい。

リード

散歩に慣れていない子は、最初は室内練習用に軽いリードがあるといい。逸走の心配がある子はダブルリードがおすすめ（P.52 ～参照）。

ネームタグ

迷子対策に、名前と飼い主の電話番号を書いた、外れないネームタグを用意。自治体に畜犬登録すると発行される鑑札もあわせて装着しよう。

オモチャ

好みはそれぞれなので、何が好きかを保護団体に聞こう。あると便利なのは、中に食べ物を詰められるタイプ。

フードボウル、水飲みボウル

素材や形はさまざまだが、丈夫で安定性の高いものが使いやすい。迎える前に使っていたものに近いほうが慣れやすい。

フード

最初は、迎える前に与えていたのと同じものを与える。引き渡し時には保護団体から少し分けてもらえることもある。

オヤツ

フードよりも嗜好性が高く、トレーニングに使いやすい。好みはそれぞれなので、何が好きかを保護団体に聞こう。

ケア用品

スリッカーブラシとコームはいずれ必要。爪切りは、自宅でできなければ病院やトリミングサロンに頼むといい。

08 周辺環境を調べる

犬との暮らしで困ったことが起きたときに、頼れる専門家や仲間が近所にいると心強いです。特に、保護活動にかかわっている人や保護犬に詳しい人が見つかると、親身になってサポートしてくれることがあります。

いろいろな人の力を借りながら世話しよう

自宅周辺にも、犬に関するさまざまな店や施設、サービスがあるはずなので、調べて足を運んでみよう。保護犬に詳しいスタッフのいる店や、保護犬割引を行っている病院などもある。

犬が来てからや、困ってから調べるのではなく、迎える前にある程度調べておくと安心だ

まずは相談できる専門家を1人見つけよう

犬が体調を崩したときや困った行動をしたとき、逆に飼い主側が世話をできなくなったときなど、犬と暮らしていると、飼い主だけではわからないこと、手に負えないことも多くあります。困ったことが起きる前に、日ごろからさまざまなプロフェッショナルと連携していると、いざというときサポートしてもらいやすくなります。実際には、犬を迎えることを検討する段階で、自宅周辺が犬と暮らしやすい環境なのかをある程度調べておくことが大切です。どんな子が来るのかが決まったら、その子に合わせてさらに詳しく、より具体的に調べます。

もっとも重要なのは、犬の健康状態を診てくれる病院、犬の行動などに詳しいトレーナー、世話を頼めるペットホテルやペットシッターの3つ。1カ所で複数のサービスを兼ねている場合や、信頼できる人を紹介してくれる場合もあるので、相談できる人が1人見つかると楽です。右で紹介している以外にも、犬の幼稚園や老犬のデイケア、老犬ホーム、犬のフィットネスジム、マッサージ、鍼灸など、さまざまな専門家がいるほか、近所の犬仲間やSNSの犬ネットワークなどが頼りになることも。インターネットで調べたり、近所の飼い主の口コミを聞いたりして、実際に足を運んで話を聞いてみるのもおすすめです。

サポート体制を整えよう

さまざまな専門家や犬と仲良くしてくれる人、情報通など、近所に犬との暮らしを助けてくれるゆるやかなネットワークを作っておくと、いざというときに安心して頼ることができる。犬を迎える前にある程度調べておこう。

トリミングサロン

プードルなど被毛をカットするトリミングが必要な犬種を迎える場合や、シャンプーや爪切りなどのケアを頼みたい場合は、トリミングサロンも重要。

動物病院

健康診断やワクチン接種などで定期的に通う近所のかかりつけの病院と、夜間に体調を崩したときでも診てもらえる夜間救急病院を探しておく。その他、大学病院や専門医なども見つけておくと安心。

ペットホテル

旅行や出張、冠婚葬祭、家族の入院などで家を空けなければいけなくなったとき、信頼できるペットホテルが近所にあると、安心して預けられる。病院でホテルのサービスをしているところもある。

ペットシッター

よそに預けるより家にいるほうが安心できる子の場合、家に来て世話をしてくれるペットシッターを探すとよい。トレーナーに頼める場合もある。

ドッグラン、公園

散歩は毎日のことなので、小さなものから大規模なものまで、公園やドッグランなどを複数見つけて、使い分けるようにするとよい。

トレーナー

犬の習性や行動に精通し、その子に合った接し方を教えてくれる人。犬にトレーニングをしてくれる人というよりは、飼い主にトレーニングの仕方を教えてくれる人が重要。詳しくはP.40〜参照。

犬連れ OK カフェ

犬と一緒に出かけて息抜きしたり、散歩の途中で立ち寄ったりできる店があると楽しい。犬に関するイベントや講習をするなど情報発信している店もある。

09 トレーニングについて知ろう

自己流で行う人も多い、犬のしつけやトレーニング。しかし、方法論は日々研究され、進歩し続けています。保護犬の中にはトラウマを抱える子も少なくないので、最新の方法論を勉強している専門家を見つけて、事前に相談しながら行うのがおすすめです。

┃ トレーニング理論は進化し続けている

働く犬としての訓練

犬は約4万年前から人間とともに暮らす中で、さまざまな役割を担っていった。狩猟犬や牧羊犬などとして犬を働かせる中で、よりうまく連携するために訓練が行われるようになった。

警察犬や軍用犬の服従訓練

警察犬訓練の歴史は、19世紀末にドイツで始まったと言われている。そこから「犬は人間に絶対服従しなければいけない。そうでなければ体罰を与えるべき」という考えが広まっていった。

飼い主を群れのリーダーとするリーダー論

1970年ごろから「犬は群れで生活するオオカミの子孫であり、飼い主は群れのリーダーでなければいけない」というアルファ論がアメリカで流行。ほめることもするが、体罰を与えたりも。

ほめて教えるしつけへ

1980年ごろ、アルファ論や体罰に反発したトレーナーたちが、ほめて教えるしつけを提唱。内容は人によっても異なるが、正しいことをしたらほめて、その行動を引き出していく「陽性強化」が基本。

犬と飼い主がお互いに快適に暮らせる方法を学ぼう

吠える、かじる、走り回る、好きなところで排泄するなど、犬が本能のままに振る舞うと、人間社会で暮らすうえでは困った犬と見なされてしまいます。犬の習性や本能を尊重しつつ、お互いうまく折り合いをつけて快適に暮らせるよう、飼い主は犬について学び、犬との信頼関係を築く必要があります。

インターネットで犬のしつけについて検索したり、犬の飼育書を見たりすると、実にさまざまな情報が出てきて、何を信じればいいかわからなくなることもあるでしょう。最新の動物行動学をもとにした根本的な考え方は同じでも、具体的にどんな方法でトレーニングを行うかは、それぞれの飼い主や犬の状況によっても異なります。犬を迎える前に、信頼できるトレーナーを見つけて、最初は定期的に相談しながら取り組むといいでしょう。

迎えてすぐの暮らし方は重要。事前にプロに相談を

ただ、日本に犬のトレーナーの国家資格は

トレーニングを選ぶポイントは？

□最新の理論を常に勉強している

動物の行動学や学習理論は日々研究され、進歩を続けている。昔ながらの方法や精神論ではなく、最新の研究を日々勉強して知識を更新し、それに基づいて教えてくれるトレーナーを見つけよう。

□犬に対する考え方が合いそう

子育てと同じで、犬に対するスタンスや犬との距離感は人それぞれ。トレーニングを続けていくうえでは、根本的な考え方が合いそうか、気が合いそうかといった部分も重要。

□トレーニング方法を教えてくれる

実際に犬と暮らすのは飼い主なので、飼い主自身が理解し、犬にトレーニングをできなければ意味がない。犬を預かってトレーニングしてくれるだけでなく、飼い主にトレーニングを教えてくれる人を探そう。

□資格を持っている

日本に犬のトレーナーの国家資格はない。日本で取得できる世界基準の家庭犬トレーナー資格は「CPDT-KA」。その他たくさんの民間資格があるが、講座を受けるだけで簡単に取れるものもあるので、どんな資格かを確認しよう。

□保護犬のトレーニングに慣れている

保護犬の中には、ずっとケージに閉じ込められていた、野犬や野良犬として生活していたなど、特殊な背景を持つ子もいる。そういった保護犬のトレーニング経験があると心強い。

なく、信頼できるトレーナーを見つけるのは難しいものです。最低限、体罰を推奨せず、ほめて教えるしつけをベースにしている人を選びましょう。世界基準の家庭犬トレーナー資格「CPDT-KA」は信頼があります。実績や難しい試験に合格するだけでなく、3年ごとの資格更新があり、常に最新情報を学ぶ必要があるためです。日本の資格としては、JAHA認定家庭犬しつけインストラクターなどがあります。JKC公認訓練士や日本警察犬協会公認訓練士は歴史ある資格ですが、働く犬を育てるためのもので、家庭犬のトレーニ

ングを飼い主に教えられるかは不明です。

　攻撃性があるなど問題が深刻な場合は、動物病院で相談し、獣医行動診療科認定医が行う行動診療を受けるのがおすすめです。必要に応じて薬なども使いながら、カウンセリングによって問題を解きほぐしてくれます。

　犬を迎える前の時点では、同じ犬種の子や、和犬系雑種、野犬など特徴の近い子がどんな生活をしているのかを知り、習性を勉強しておきましょう。また、トレーナーに事前に相談し、読んでおくべき本などを教えてもらうといいでしょう。

COLUMN
賃貸物件とペットの飼育

　賃貸物件で犬を迎える場合は、ペット可の物件を借りる必要があります。ペット可の中でも、小型犬や猫のみとか、1頭までといった制限を設けている物件がほとんどです。マンションは物件によって、飼育禁止の犬種の指定がある場合もあるので、よく確認しておきましょう。契約時にかかる費用も、敷金が家賃3カ月とペットがいない場合より多かったり、解約時には敷金の返金なしだったり、別途ペット特約などの契約書を結ばなければいけなかったりなど、通常の契約と異なることがあります。

無事にペット可の物件に入居できたら、顔をよく会わせる近くの人や階下には一言あいさつしておくと、お互いに生活しやすくなるでしょう。特に階下には、フローリングを歩く犬の爪の音が響くことがあるので配慮するとよいでしょう。共用部分では、犬の粗相を防ぐためにも、犬が苦手な人への配慮としても、抱っこをして移動することがマナーです。建物内にペットを飼育していない世帯もいることを想定して、生活しましょう。

・ペット可の物件では、頭数とサイズ、種類の規定を確認する
・敷金が通常よりもかかることが多い
・ペット可の物件でも周辺の住民に配慮し、あいさつをする

CHAPTER
03

犬を迎える編

01 お迎え当日の過ごし方

お迎え初日は、今後犬が安心して家で暮らせるかどうかを左右する、大事な日です。しっかり準備を整えて迎え、基本は犬のペースで過ごさせて、家族は静かに見守ること。また、犬を怖がらせることをしないように気をつけましょう。

基本は静かに見守ろう

お迎え初日は、犬は突然の環境変化によるストレスから、下痢、嘔吐、食欲不振などの体調不良になることがある。これを「ニューオーナーシンドローム」という。みんなで取り囲んで触ったりしないで、犬のペースで過ごさせよう。

今後の信頼関係のためにも
嫌がることはしない

　動物保護団体のトライアル期間がある場合はトライアル初日、ない場合は譲渡の初日が、お迎えの日になります。保護団体から迎える場合は、団体のスタッフが犬を連れてきて、あわせて住環境のチェックをしてくれます。犬が新しい環境に来て落ち着く時間を取れるよう、できれば午前中か午後早めに迎えるのが理想です。このときに、トライアル契約書に記入して、身分証のコピーと譲渡費用を渡すのが一般的です。

　迎えた初日は嬉しくてついかまいたくなりますが、基本は犬のペースに合わせて、静かに見守るようにしましょう。犬を触ったりなでたりしようとする人も多いですが、人に慣れていない犬にとって、なでられることは嬉しいことではなく、逆に恐怖やストレスになります。追い詰めて無理になでたとしても、なでられることに慣れたわけではなく、諦めて我慢しているだけ。一歩間違うと攻撃的になることもあり得ます。

　犬は人間と違って非言語動物なので、体から発するストレスサイン（P.80〜参照）を読み取ることが大切です。身を引くなど少しでも嫌がるそぶりを見せているようなら、無理に近づこうとしないようにしましょう。

最初は避けたほうがよいこと

犬好きな人ほど、犬にぐっと近づいて触ったり見つめたりしてしまいがちだが、慣れていないうちは、犬にとって恐怖やストレスになることも。最初のうちは以下の行動は控えよう。

正面から見つめる

慣れていない人に正面からじっと見られると、威嚇されていると感じ、怖がったり攻撃的になったりすることがある。

写真を撮りまくる

至近距離からカメラやスマホを向けられるのも、カメラやスマホが何なのかわからない犬にとっては怖いしストレスになる。

触りまくる

人に慣れていない犬は特に、人から触られるのは好きでない場合が多い。ある程度慣れている子でも、犬から寄ってくるまで待とう。

抱っこする

自分から膝に乗ってくる場合は問題ないが、多くの犬は、慣れていない人に抱っこされて体を拘束されるのは好きではない。

POINT 名前は変えてもいい？

保護犬は、前の飼い主がはっきりしている場合はすでに名前が付いていたり、保護団体で仮の名前を付けていたりすることもあります。以前の名前のままにするか、新しい名前を付けるか、迷う人もいるかもしれません。基本的には、前の名前のときに嫌な思いをしているなら、変えてしまったほうがいいでしょう。そうでもなければ、そのままか、近い名前のほうが犬にはわかりやすいかもしれません。

02　こんなときはどうする？

お迎え初日は犬がどう振る舞うか予想がつかず、飼い主も戸惑うことが多いでしょう。初日の保護犬によくある問題とその解決方法の一例を紹介します。犬の嫌がることはせず、環境を整えて待つのが基本です。

夜鳴きが止まない

最初は一緒に寝ても OK

「夜鳴きをしても無視しましょう」とはよく言うが、犬は突然新しい環境でひとりになって不安を覚えている。一緒に寝ることで鳴き止むなら、そうしても問題ない。別々に寝てほしいなら、夜鳴きが落ち着いてからにしよう。

甘噛みする

オモチャなどで気を逸らす

特に子犬の場合、遊んでいて甘噛みをすることはよくある。「人間の手＝楽しいオモチャ」と思わせないよう、噛まれても騒いだり動かしたりせず、引っ張りっこオモチャなどを動かして気を逸らし、オモチャのほうを噛ませるようにしよう。

好奇心旺盛な子犬なら
一般的な迎え方と同じで OK

　保護犬として迎えた犬が子犬で、人や犬を過剰に怖がることなく、子犬らしい好奇心を持っているようなら、一般的な子犬の迎え方と同じで問題ありません。

　生後数カ月の子犬であれば、頻繁に排泄をするので、家に着いたらトイレシートを敷いたサークルに入れて、排泄をするまで待ちます。排泄ができたらほめて、サークルから出します。生後半年以上になると、そこまで頻繁に排泄はしないので、床をくんくん嗅ぐ、ぐるぐる回るといったトイレのサインが見られたら、トイレのサークルに連れて行きましょう。

　排泄が済んだら、犬の居場所として片付けておいた部屋に入れて、探索をさせます。犬のほうからじゃれついてきたら、遊んであげましょう。犬が疲れたようすを見せ始めたら、サークルやクレートなど犬の居場所で休ませます。起きたらまたトイレのサークルに入れ、排泄が済んだら探索をさせて、疲れたら休ませるのを繰り返します。ワクチンが済んでいて、外での散歩にも慣れている子なら、軽い散歩に行くのもいいでしょう。遊

ごはんを食べない

離れてひとりにさせる

元野犬など人に慣れていない犬の場合は特に、初日はごはんを食べられないこともある。犬の居場所の近くにごはんを置いておいて、家族は離れてひとりにさせてあげると、食べられることもある。

水を飲まない

少し味をつける

水をまったく飲まない場合は、鶏のゆで汁やヤギミルク、ヨーグルトを薄めたものなどで味を付けると、飲むこともある。ごはんと同様、居場所の近くに置いて、ひとりで静かに飲めるようにしてあげよう。

排泄をしない

しやすい環境を作って待つ

トイレトレーとシートの種類や広さなど、迎える前の環境を細かく聞き、できるだけ再現する。外でしかしないなら、外でさせる。子犬でなければ、1〜2日はできなくても大丈夫なので、騒がず待つようにしよう。

クレートからなかなか出てこない子の場合は、クレートの入り口近くにごはんや水のボウルを置いて、ひとりにしてあげよう

び疲れれば、夜も静かに寝やすくなります。

クレートから出てこなくても無理に出さず待とう

　元野犬やその子ども、ケージからほとんど出たことがない犬など、人間社会での生活に慣れていない場合は、家の環境に慣れるまでに時間がかかることもあります。例えば、最初の数日はごはんも食べず水も飲まず排泄もせず、クレートから出てくるのに1カ月かかったという話もよく聞きます。

　考え方はさまざまですが、クレートからなかなか出てこなくても、無理やり引っ張り出さず、少しずつ自分から出てくるのを待つほうがいいでしょう。たとえ出てくるまでに時間がかかったとしても、長い目で見れば嫌がることをしないほうが、犬が家族を信頼してリラックスできるようになります。迎える前の住環境をできるだけ再現し、その子が落ち着いて食べたり飲んだり排泄したりできるように環境を整えたら、あとは待ちます。

　ただ、動物保護団体から引き取った場合は、保護団体から接し方を伝授されることもあります。特にトライアル中は、教えられたことと違う方法を勝手に取ると「返してほしい」と言われる可能性もあるので、よく話し合いましょう。

03 先住犬がいる場合は？

先住犬がいて、2頭目として保護犬を迎えるという人も少なくないでしょう。つい新しい犬のほうに意識が向きがちになって、先住犬のことがなおざりにならないように、対面のさせ方や生活スペースの区切り方を考えましょう。

外で会わせてから家に入る

お迎え初日の先住犬と新しい犬との対面のさせ方も、大事なポイント。お互い悪いイメージがつかないように、飼い主がうまくサポートしよう。

公園などで顔合わせ

保護犬が到着したら、先住犬も外に出て、家の近くの公園などで対面させる。あまり急に近づけず、様子を見ながらゆっくり会わせる。

一緒に家に入る

飼い主、先住犬、保護犬で一緒に家に入る。こうすることで、先住犬が保護犬に対して侵入者のイメージを持ちにくくなる。

お互いに悪い印象を持たないよう慎重に近づけよう

　先住犬がいても保護犬を迎えることはできますが、一緒に生活できないほど相性が悪いと難しくなります。トライアルの前に面談などで一度顔合わせをして、相性を確認しておきましょう。顔合わせの際には、どちらのテリトリーでもない中立的な場所で、なるべくリラックスしてお互いのにおい嗅ぎができるようにします。いきなり近づけて無理にあいさつさせるのではなく、ようすを見ながら少しずつ近づけましょう。

　お迎え当日は、先住犬が所有欲の強い子であれば、先住犬の物を片付けておきます。新しい子が触ると、先住犬が守ろうとしていさかいになる可能性があるからです。お迎え当日も、先住犬のテリトリーではなく外で会わせてから、一緒に家に入ります。外で他の犬と遊ぶのは問題なくても、自分のテリトリーに突然新しい犬が来ると、先住犬が戸惑うのは当然です。数週間以上かかるのが普通なので、無理に仲良くさせようとせず、ゆっくり関係を築くのをサポートしましょう。

生活スペースは分ける？

生活スペースを分けたほうがいいかは、犬たちの年齢や性格、状況による。ただ、最初のうちに一度やり合うとお互いに対するイメージが悪くなり、挽回に時間がかかるので、慎重に判断しよう。

子犬の場合

最初から分けなくて OK

新しい子が生後5カ月ぐらいまでの子犬なら、自ら威嚇したり攻撃したりすることは少ない。先住犬に受け入れ体制があれば、最初から同じ空間で生活させても問題ない。

成犬同士の場合

最初は分けて様子を見る

新しい子も先住犬も成犬の場合は、最初はドアや柵で生活スペースを区切って様子を見よう。問題がなさそうなら、少しずつ一緒に過ごす時間を延ばしていって、最終的には一緒にすることを目指す。

POINT 事前ににおいの交換をさせておこう

犬・猫はにおいに敏感な生き物です。先住犬や先住猫がいる場合は、できれば迎える日より前にお互いのにおいのついたタオルなどを交換して、においに慣れさせておくのがおすすめです。迎える日の当日であっても、会わせる前にお互いのにおいのついたものを嗅がせてから会わせるといいでしょう。こうすることで、いざ会ったときにお互い受け入れやすくなります。

04 食べ物を使って信頼関係を築く

人に慣れていない犬の場合は特に、犬の好きな食べ物を使って信頼関係を築きましょう。
飼い主の近くや手からフードを与えることで、飼い主の近くにいるといいことがある、
と思わせることができます。

犬を驚かせないコツ

人慣れしていない子やビビリの子の場合は、人の手から食べ物をもらうのも怖がることがある。プレッシャーの少ない状態から練習して、徐々に飼い主の近くで食べられるようにしよう。

最初は体から手を離す　　目を見ない

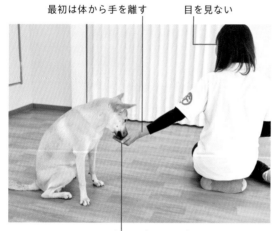

犬から来るのを待つ

手を体から離して与える

手のひらにフードを数粒のせて、腕を伸ばし体から離す。犬の目を見ないようにして、犬が自ら手に近づいてくるまで待つ。この状態でも食べられないようなら、犬の近くの床にバラまく。

少しずつ手を体に近づける

手を伸ばした状態でスムーズに食べられるようになったら、少しずつ手を体のそばに近づけて、犬が寄ってきてくれるようにする。飼い主の足に前脚をかけられるぐらいまで練習する。

動物はみんな楽しいことは繰り返す

人間でも、お手伝いをするとお小遣いがもらえたら、次もお手伝いをするようになる、ということがあるでしょう。犬も同じで、何かをしたときにごほうびがもらえると、それを繰り返すようになります。ごほうびが何かはその犬にとって違い、オヤツが何より嬉しい犬もいれば、なでられることやオモチャで遊んでもらえることがごほうびになる犬もい

ます。一般的に食べ物は、ほとんどの犬にとってランキング上位のごほうびになります。つまり、食べ物を使えば、人に慣れていない犬にもいろいろなことを教えられるのです。
「食べ物で釣っている」と思うかもしれませんが、関係性ができておらず言葉も通じない犬に対して、ごほうびを一度も使わずただ言葉だけでほめても、犬にとっては嬉しくも楽しくもありません。飼い主がしてほしいことを犬に伝えるために、相手の好きなものをごほうびとして与えれば、犬にもわかりやすく、

絆を深める練習

テレビを見ているときなどに、フードを使って信頼関係を築く練習を取り入れよう。これを繰り返すことで、犬は飼い主の近くにいるといいことがあると思うようになる。

飼い主はフードを持って、リラックスして座る。自分から少し離れた位置の床にフードを数粒まいて、犬に食べさせる。これを何度も繰り返す。

飼い主の近くでフードを食べるのに慣れてきたら、飼い主の足の上にもフードを置いて、犬が食べられるかを見る。食べられなければ、また床にまく。

飼い主の足の上のフードも食べられるようになったら、今度は飼い主の足の間や、犬が飼い主の足をまたぐ位置にフードを置いて、犬に食べさせる。

また犬もその時間を楽しむことができます。

主食のフードをすべて使って絆を深めよう

犬のごはんはフードボウルで与えるものというイメージがあるかもしれませんが、犬を迎えたばかりのころは特に、主食のフードすべてをトレーニングに使い、手から与えるなどするのがおすすめです。飼い主の手から食べられるなら、食事の時間や回数をそれほど気にする必要はなく、1日の中でバラバラに

与えても大丈夫です。ただし、長時間ダラダラとトレーニングを続けると、集中力が続きません。また、1日に与えるフードの分量はきちんと測って、与えすぎないように気をつけましょう。

最初のうちは特別なことを教えるというより、飼い主の手や体の近くでフードを与えて、飼い主の近くにいるといいことがあると思わせ、飼い主に注目させるようにして、信頼関係を築きましょう。

05 散歩の練習①
首輪やリードを着ける

保護犬の中には、成犬でも首輪やハーネスなどを身につけたことがない犬や、リードを着けて歩いたことのない犬などもいます。散歩に出る前に、まずは家の中で首輪やハーネス、リードを着ける練習をしましょう。

逸走の心配があるなら
ダブルリードに

動物保護団体から引き取った保護犬の場合、保護団体によってはダブルリードを推奨していることもある。首輪とハーネスを着けて、それぞれに1本ずつリードを着ける方法。もし首輪やハーネス、リードが1カ所外れてしまっても、もう1本のリードが残るので逸走を防げる。

リードは体からつなぐ

ハーネスからのリード

首輪からのリード

どんな犬も、最初から普通に
散歩ができるわけではない

犬が家に慣れてきたら、飼い主はそろそろ散歩に行きたいと考え始めるでしょう。しかし、どんな犬でも最初から首輪とリードを着けて普通に歩けるわけではありません。特に元野犬など人間と散歩をしたことがない犬の場合は、首輪やハーネス、リードに慣れるのにもそれなりに時間がかかります。まずは家の中で装着する練習から始めましょう。

首輪やハーネスのように、輪に頭を通すことに抵抗のある犬は多くいます。上から無理やりかぶせられると恐怖を感じて、首輪やハーネスにして悪いイメージがついてしまいます。ごほうびを使って誘導し、犬が自ら輪に頭を通すように仕向けましょう。この方法をマスターすれば、応用として洋服に頭を通すこともできるようになります。

首輪やハーネスにどうしても頭が通せない場合は、バックル付きのタイプなど、頭を通さなくても装着できるものを使う手もあります。散歩に行けるようになっても、首輪の着脱になかなか慣れず毎度苦労する場合は、首輪を着けっぱなしにしたほうが、嫌な思いをさせずに済みます。

首輪やハーネス、リードを着ける練習

左手に首輪、右手にごほうびを持ち、まずは首輪を見せてごほうびを与える。次に、犬がごほうびを食べようとすると、首輪に頭が通る位置に持つ。

首輪を持った左手は動かさず、ごほうびを持った右手を動かして、犬の頭が首輪に通るようにする。最初は頭を通せなくても、近づけた時点でごほうびを与える。

少しずつ首輪の奥まで頭を通せたらごほうびを与えるようにしていく。頭が通ったら、左手を離してごほうびを与えれば、首輪の装着完了。

次は首輪にリードを着ける練習。片手でごほうびを与え、犬が気を取られている間に、反対の手でリードを着ける。すぐに外し、また着けてごほうびを与える。

2人で手分けできると楽

2人がかりでできるなら、ごほうびを与えて気を引く役と、ハーネスなどを装着する役に分担できるので、より楽に着けられる。

POINT 犬を追い詰めないよう注意

首輪を着けようとして部屋の隅に追い詰めるなど、物理的な逃げ場がない状況に犬を追い込まないようにしましょう。飼い主にはそのつもりがなくても、犬は恐怖を感じて、トラウマになってしまったり、破れかぶれになって攻撃してきたりすることもあります。何かに慣れさせたいときは、こちらから近づくのではなく、ごほうびを使って犬から近づいてくるよう仕向けるのがポイントです。

06 散歩の練習②
リードで歩く、外に慣らす

もともと散歩していて慣れている成犬は、ここまでの練習をしなくても散歩できます。ところが、子犬や元野犬、ほとんどケージから出たことがない子など、人間社会に慣れていない犬にとっては、散歩を始めるまでにしておきたい練習がいろいろあります。

リードで歩く練習

P.53の方法で首輪とリードを着けて、準備をする。最初から重くて丈夫なリードを使うと気になってしまうので、まずは練習用に軽いリードから始める。

オヤツで誘導して歩かせる

犬に首輪とリードを着け、飼い主はリードを持って犬の横に立つ。まずはこれができたら、ほめてごほうびを与える。次に、犬の鼻先にオヤツを持っていって、誘導して歩かせる。少し歩けたらオヤツを与える。

飼い主も一緒に横を歩く

歩く距離を少しずつ伸ばして、犬がリードを着けたまま歩けるようになってきたら、オヤツを持った手で誘導しながら、飼い主も一緒に横を歩く。少し歩けたらオヤツを与えて、だんだん距離を延ばす。

人間社会に慣れていない犬にとって外の世界は怖い場所

　犬の散歩の目的は、運動だけではありません。社会化のため、気分転換や精神的刺激のため、そして飼い主とのコミュニケーションのためでもあります。特に人間社会での生活に慣れていない保護犬や子犬にとっては、社会化の側面が強くなります。

　外で見かける多くの犬は難なく散歩しているように見えますが、外の世界には刺激がいっぱい。人間社会とは無縁で生きてきた犬たちにとっては、多くのハードルがありま

す。突然外に無理やり連れ出すと、トラウマになる可能性があるだけでなく、パニックになって車道に飛び出してしまうなど、命の危険もあります。まずは家の中で散歩の練習をして、少しずつ慣れさせていきましょう。

忍耐力を持って焦らず少しずつステップアップ

　室内でも外でも練習の共通のポイントは、飼い主が無理強いするのではなく、犬が受け入れられる範囲を少しずつ広げていくこと。受け入れられているかの判断基準としては、オヤツが食べられるようなら大丈夫。焦らず

外に慣れさせる練習

人間社会に慣れていない子やビビリの子にとって、外の世界は刺激がいっぱいでとても怖い場所。無理やり引っ張っていくとトラウマになったり、事故が起きたりする危険もある。少しずつステップアップさせよう。

玄関などから外を見る

まずは首輪やハーネス、リードをしっかりと着けて、玄関のドアを開ける。玄関に一緒に座って、日向ぼっこなどをしながら、ほめてごほうびを与える。

庭などに出る

外を見ることに慣れてきたら、リードを着けたまま庭に出てみる。スペースがあるなら、ここでリードを着けて歩く練習をしよう。

家の前に出る

リードを着けて、家の前が安全であれば、人通りや車の少ない時間帯に出てみる。家の前が安全でない場合は、少し移動して安全な場所を探す。

少しずつ距離を延ばす

室内でのリードで歩く練習と同様、ごほうびをうまく使いながら、少しずつ歩ける距離を延ばす。

他の犬と一緒に出かけるのも一つの手

先住犬や、仲のいい犬が近所にいれば、一緒に散歩するのもおすすめ。他の犬が楽しく歩いていると、釣られて歩けるようになることもよくある。また、1頭だと怖がっていても、仲間がいると強気になることもある。

スモールステップで進んでいきましょう。

　首輪やリードなど初めて見せる道具は、見た目に慣らすところから始めます。最初は首輪を見せてごほうび、首輪に近づいたらごほうび、鼻先が通せたらごほうび、耳まで入ったらごほうびと、少しずつ進んでいきます。苦手なことはその子によって違うので、避けられることは避けながら、少しずつ慣らします。ただし、室内での練習の場合は特に、犬の集中力は5分程度しか持たないので、ぶっ続けで練習するのではなく、短時間を何度も行うようにしましょう。

　外を歩くことに慣れてきてからも、歩きながらちょこちょこごほうびを与えると、散歩中も飼い主のほうに意識を向けられるようになります。リードを引っ張らず飼い主の横について歩けるようになるのがゴールですが、人間との暮らしに慣れていない犬たちにとって、首輪やハーネス、リードを着けて、自分より遅い人間の歩調に合わせて横を歩くのはかなり難易度が高めです。飼い主と一緒にそれなりに歩けるようになれば十分でしょう。

　散歩に慣れてくると、元野犬や野良犬などもともと外で長く過ごしてきた犬たちは、散歩を好むようになることが多いです。毎日できるだけたくさん散歩してあげましょう。

07 足拭きに慣らす

犬は基本的に靴を履かないので、散歩後に家に上がるときに、汚れた足は拭いてきれいにしたいもの。しかし、脚を触られたり、タオルで拭かれたりするのは、苦手な子が多いです。そこで、ここでは足拭きの慣らし方を紹介します。

足拭きに慣れるまでの応急処置

犬が足拭きに慣れていなくても、足を拭かずに家の中に入れたくないという人は多いだろう。足拭きに慣れるまでに、応急的にできるケアの方法を紹介する。

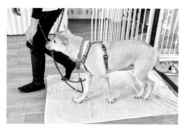

タオルの上を歩かせる

脚に触られるのも嫌という場合は、玄関に大きめのタオルを敷いておき、外から帰って来たらその上を何度か歩かせるようにする。そこまできれいにはならないかもしれないが、何もしないよりはマシだろう。

オヤツを食べている間に拭く

オヤツに集中していれば脚を触っても大丈夫なら、フードボウルなどにペースト状のオヤツを塗っておき、夢中になっている間にさっと拭こう。

足先は犬にとって触られたくない敏感な場所

　意外と苦手な犬が多いのが、足拭き。足先は犬にとって敏感な場所なので、触られるだけで嫌という子も少なくありません。また、子犬や若い犬の場合、足を拭こうとするとタオルを噛んで遊んでしまうということも。散歩から帰ったら毎日行うケアなので、練習して慣れさせましょう。

　飼い主が強引に犬の脚を持ち上げるのではなく、ごほうびを使って犬から脚を出させるように仕向けるのは、他の練習と同じです。オテの延長で、足拭きのときは自分から脚を差し出すように練習していきます。後ろ脚より前脚を触られるほうが苦手な犬が多いので、前脚を拭けるようになれば、後ろ脚を拭くのはそれほど大変ではないでしょう。

　また、犬の脚を持って拭くときに、どちらの方向であれば曲げても大丈夫か、関節の向きを考えましょう。前脚も後ろ脚も、外側に持ち上げるのは不自然な動きなので、犬が痛くて嫌がることがあります。

自分から脚を出す練習

特に触られるのが苦手な子が多いのが、後ろ脚よりも前脚。そこで、オテを教えて、足拭きのときにも自ら脚を差し出せるように練習しよう。

STEP1 オテの練習

オヤツを手に握る

飼い主はオヤツを手の中に握り込む。犬ににおいを嗅がせるなどして、手の中にオヤツがあることを知らせる。

前脚が出るのを待つ

最初は鼻先でこじ開けようとするので、犬が自分から前脚を出すのを待つ。手を前脚の近くに持っていくなど、ヒントを与える。

前脚が出たらオヤツ

飼い主の手をこじ開けようと前脚を出したら、ほめて手を開き、オヤツを与える。できてきたら、手のひらにオテできるように練習。

STEP2 タオルを持って拭く

タオルをのせた手を出す

飼い主は片手にタオル、片手にオヤツを持つ。手のひらの上にタオルを開いてのせ、オテと同じ要領で犬の前に差し出す。

オテをさせる

犬にオテをさせる。最初はタオルに前脚をのせたらすぐにほめてオヤツを与える。だんだんのせていられる時間を延ばしていく。

足を拭いてオヤツ

慣れてきたら、最終的にはオテをして、足を拭き終わったらオヤツを与える。

08 体中に触れるようにする

保護犬には体に触れられることの苦手な子も多いですが、体のケアをしたり病院で診察を受けたりするうえでは必要なことです。ごほうびを使って、体のさまざまな部位に触られても気にしなくなるように、少しずつ練習していきましょう。

背中
背中は比較的触っても嫌がりにくい部分。触る練習は背中から始めるとやりやすい。

シッポ ⭐
嫌がりやすい部分だが、シャンプーのときに触ったり、子どもに引っ張られたりすることもあり得るので、練習を。

4本の脚 ⭐
毎日の散歩後の足拭きや、肉球や爪のケアなど、触ることの多い部分。触るだけでなく、握ったり持ち上げたりも練習しよう。

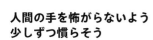

人間の手を怖がらないよう
少しずつ慣らそう

　保護犬の中には、人間との接触経験が少なかったり、人間の手で叩かれた経験があったりして、人間の手を異常に怖がる子もいます。しかし、ブラッシングや歯磨き、耳掃除、トリミングといったケアをするときや、体調に異常があって確認したいとき、動物病院で診察を受けるときなど、体のあらゆる部分を触ることが必要な場合があります。また、子どもなどに突然

触られたときや、動物病院での診察中などに、恐怖で噛んでしまうことを防ぐためにも、人間に触られることに慣れさせておくのは大切なことです。時間はかかっても、少しずつ練習しましょう。

　最初は触っても嫌がりにくい、背中や首筋などから練習を始めます。ごほうびを与えながら軽く1回触り、じっとしていられるようなら、触る時間や回数をだんだん増やしていきます。慣れてきたら、触ってからごほうびを与えるという順番にして、飼い主に触られるといいことが

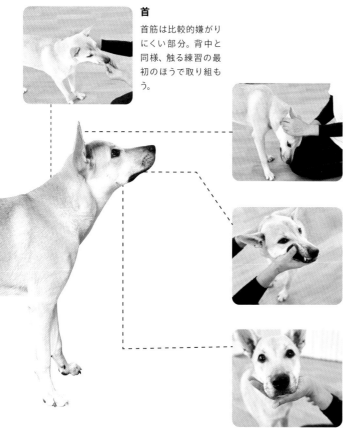

首
首筋は比較的嫌がりにくい部分。背中と同様、触る練習の最初のほうで取り組もう。

☆……特に苦手な部分

耳 ☆
シャンプーや耳掃除のほか、耳に異常があったときのチェックなどで、触れるようにしておきたい部分。

口の中☆
アゴを触れるようになったら、流れで歯や歯茎に触る練習もしよう。歯磨きや口の中の治療をするときに有効。

アゴ
嫌がりにくい下アゴから始めて、上アゴも触れるようにしよう。上アゴの次は、歯や歯茎に触る練習へ。

あると覚えさせます。

触られるのが苦手な子の場合は、ごほうびを与えながら手を少し近づけるところから始めましょう。手を気にして見たり体が逃げたりするようなら、「嫌だな、苦手だな」と思っているサイン。無理してそれ以上近づけず、少しずつ慣らしていきます。

触る練習で 怖がらせてしまっては逆効果

練習を始めるときには、飼い主から近づくのではなく、ごほうびを使うなどして犬から近づいてくるようにします。犬を追い詰めたり、無理やりひっくり返したりして触ることは、逆効果なので絶対にやめましょう。真正面から目の合う位置で向き合って触るのも避けます。また、上から覆いかぶさるように手を出すとビックリする子もいるので、注意が必要です。横になってお腹を見せているときに、犬が気づいている状態で触る練習をするのはOK。ただし、寝ているときに無防備な犬に突然触ると、驚いて噛むこともあるので、絶対にやめましょう。

09 苦手なものに慣らす

人間との暮らしに慣れていない犬やビビリの犬にとって、人間社会は家の中も外も怖いものばかり。一度怖がらせてしまうと、挽回するのに時間がかかります。ファーストコンタクトは慎重にし、弱い刺激から少しずつ慣らしていきましょう。

掃除機への慣らし方

苦手なものに慣らす練習をするとき、基本的な考え方は同じです。大きな音や動きなど、怖がる子の多い掃除機を例に、苦手なものに慣らすステップを紹介します。

STEP1
周りにオヤツをまく
犬が始めて接触するものは、出すときに驚かせないよう気を付ける。床に置き、周りにオヤツをまいて近づいても大丈夫だと教える。

STEP2
飼い主が持ち手を持つ
置いてある掃除機に近づいても大丈夫になったら、飼い主が持ち手を持って、再びオヤツをまく。まだ動かすことはしない。

STEP3
ゆっくり動かす
持っても大丈夫なら、ゆっくり動かしながらオヤツをまく。最初は犬に向かって動かさない。ここまできたらいよいよ電源を入れる。

音や動きの理由がわからず恐怖を感じている

犬と一緒に生活していると、家の中や外で接するものの中で、犬が苦手とするものが出てきます。犬が苦手に感じる理由は、音や動き、風や水流など。掃除機は掃除をするもの、ドライヤーは毛を乾かすもの、台車は荷物を運ぶものといった理屈が犬にはわからないので、なぜ大きな音がするのか、なぜ変な動きをするのか理解できないのです。

苦手なものへの対処法は、基本的には同じです。まずは、避けられるなら避けること。避けられないなら、ごほうびを使って刺激の弱い状態から慣れさせていき、受け入れられる範囲を少しずつ広げていきます。ここで無理をしすぎると怖がらせてしまって逆効果なので、スモールステップを心がけましょう。

暮らすうえで避けられないものを極度に怖がってしまい、生活に支障があるようなら、動物病院で相談し、獣医行動診療科認定医が行う行動診療を受けるといいでしょう。

犬が苦手なものの例

苦手なものやその理由は犬によってそれぞれだが、一般的には大きな音や予測できない動きなどは苦手な子が多い。多くの犬が嫌がるものと、対処法の一例を以下に紹介する。

ドライヤー

シャンプー後に必須だが、大きな音や温風の苦手な子が多い。最初は風を犬に直接当てず、弱い冷風から練習し、強い温風でも乾かせるようにしよう。

シャワー

音と水流が苦手な子も。選べるなら穴径の大きいモードにし、体に当てた状態で使うと違和感が少ない。慣れないうちは洗面器を使って洗い流そう。

テレビ

音に驚く子がいる。犬が近くにいるときに見ない、音量を下げる、イヤホンを使うなどすれば避けられる。いずれ慣れることが多い。

ドライブ

短距離から慣れさせ、車に乗ったら楽しい場所へ連れて行くようにする。酔いやすい子の場合は、病院で酔い止めを処方してもらうこともできる。

バイク、自転車

バイクや自転車の多い通りはできるだけ避けつつ、家族や友人に手伝ってもらって、止まっている状態に慣れさせるところから始める。

電車、踏切

近くを通らなくて済むのであれば、避ける。犬が怖がらない距離から練習し、少しずつ近づいても大丈夫になるように慣れさせる。

台車

音や動きが苦手な子も。台車が近づいてきたら、できるだけ避けよう。困ることが多いようなら、バイクや自転車と同様の方法で慣らそう。

男の人

保護される前に怖い経験をした可能性もある。極度に恐れているわけでなければ、友人の男性などにP.50の方法でオヤツをあげてもらって慣らそう。

花火

音に驚き、パニックになって逸走しかねない。花火大会があるときは、できるだけ距離を取って避けるようにする。

雷

音に驚いて逸走することも。飼い主は変になだめたりせず、普段通りに落ち着いて、音が聞こえにくい部屋やクレートなど安心できる場所で休ませよう。

10 日常や災害時、入院時に必要なクレートトレーニング

全面が囲われているクレートの中で、安心して落ち着けるように練習することを、クレートトレーニングと言います。クレートで落ち着けると、自宅で休むときや車移動のとき、病院に行くとき、災害時などに、犬の心身の健康を守るのに役立ちます。

STEP0　すでに苦手な子は、底の部分だけにして慣らす

上部と扉を外し、クレートっぽさをなくして練習。入口の境目が気にならないよう、マットを敷く。

入口付近にオヤツをどんどん置いていき、クレート＝いいものと学習させる。

だんだんクレートの中から奥のほうにもオヤツを置いていき、クレート内に入れるようにする。

STEP1　中に入ることに慣らす

扉だけ外して練習。入口の境目が気にならないようマットを敷き、入口付近にオヤツを置いていく。

だんだんクレートの中にもオヤツを置いていき、入れるように練習する。

クレートの奥のほうにオヤツを置き、体が全部クレート内に入れるように練習する。

クレートに慣れることは犬の安全と安心につながる

クレートを安心できる居場所と認識し、自分から入れるようになれば、周囲が騒がしいときでも犬はクレート内で落ち着けるようになります。また、車に乗るときや動物病院に行くとき、災害時にも、犬自身の安全を守り、ストレスを低減させることにつながります。

保護犬はクレートに入る機会が多く、迎えた時点ですでに慣れている子もいます。ただ、長くケージに閉じ込められた、輸送中にクレート内でひどい車酔いをしたなど、苦手意識を持っている子もいます。コツコツ練習しましょう。先住犬や仲の良い犬が目の前で先に入ると、釣られて入ることもあります。

STEP2　扉側を向けるようにする

クレート内に全身が入ったら、中で方向転換して入口側を向けるよう、入口付近にオヤツを置く。

犬が入口側を向いたら、さらに入口付近にオヤツを置き、扉側を向いて中にとどまることに慣らす。

STEP3　「ハウス」で入れるようにする

手にオヤツを持って、クレートの中に誘導するようにし、中にオヤツを投げ込む。犬が入る瞬間に「ハウス」という言葉をつける。

STEP2と同様、入口近くにオヤツを置き、中にとどまることに慣らす。これを繰り返して「ハウス」の指示語を教える。

STEP4　扉を閉めることに慣らす

クレートにいいイメージを持ち、中にとどまることができるようになったら、そっと扉を閉める。

すぐに扉を開けて、たとえ扉が閉まってもまたすぐに開けてもらえるんだ、と認識させる。

POINT 中で落ち着けるよう、引き続き練習を

クレートの扉を閉めても落ち着けるようになってきたら、クレートの中で静かに待つ練習をしましょう。クレートの中にいるといいことがあると思わせるため、中でオヤツやごはんを食べさせ、中にいる時間をだんだん延ばします。ただし、長時間閉じ込めないこと。

扉を閉めた状態で、クレートのあちこちの穴からオヤツを入れる

食べ物を詰められるコングなどを、クレートの中だけで食べさせる

11 留守番に慣らす

犬と暮らすにあたってよく問題になるのが、愛犬が留守番できるかどうか。特に保護犬は、シェルターや一時預かり家庭などで賑やかに暮らしていたケースが多く、ひとりで留守番できるようになるには練習が必要な場合がほとんどです。

玄関まで行って戻る ところから練習しよう

留守番が苦手なのは、分離不安か、ひとりぼっちになることに慣れていないのかも。最初は隣の部屋に行って戻ってくる、玄関まで行って戻ってくる、数分で戻ってくるなど、短時間・短距離から練習して、少しずつ慣らすようにしよう。

留守中に不安になることは 犬にとってもストレス

　留守番の練習とは、飼い主が視界からいなくなっても不安にならず落ち着いて待てるようトレーニングすることです。飼い主が家を空けないように心がけたとしても、365日24時間ずっと犬と一緒にいられる保証はありません。家族の病気や死亡、犬自身の入院、突然の災害などで離れ離れになることは十分あり得ます。そうなったときに、吠えて迷惑になるだけでなく、犬にとってストレスにならないよう、練習しておきましょう。

　保護犬はシェルターや一時預かり家庭などで他の犬たちと暮らしていたケースが多く、ひとりになるのに慣れていないこともよくあります。短時間・短距離からひとりになる練習をして、少しずつ慣れさせましょう。

　留守中は他のことに夢中にさせておく方法も有効です。食べ物を詰められるコングなどのオモチャを家の中に複数隠して宝探しをさせる方法は、コングを見つけ、さらにコングからオヤツを取り出すのにも時間がかかるため、時間稼ぎができます。

外出後30分以内に症状が出るなら 飼い主に対する分離不安かも

　もし愛犬が飼い主に対して分離不安になっているようなら、改善して留守番できるようになるには少し時間がかかるかもしれません。分離

POINT 電気やテレビを付けるなど在宅時と同じ環境を作ろう

留守中にテレビやラジオなどの音を流しておくと、外部からの音が遮断されて、音に反応してほえたりしづらくなります。また、飼い主が家にいるときと同じような雰囲気を作れるという効果もあります。ただし、普段家でテレビやラジオを付けるおらず、留守番のときだけ付けるのでは意味がありません。それどころか、テレビやラジオが留守番の合図になり、逆効果になることもあります。

留守中は他のことに夢中にさせよう

外出時に、食べ物を詰められるオモチャを複数隠して出かけると、犬も気が紛れる。紙コップは安価でたくさん用意でき、もし食べてしまっても体に害がないのでおすすめ。

紙コップの中にオヤツを入れ、口の部分を手でつぶして取り出しにくくする。

オヤツを入れた紙コップを、家の中に何箇所も隠しておいてから、出かける。

留守中に犬は嗅覚を使って紙コップを探し、中からオヤツを取り出そうと奮闘する。

不安とは、特定の人に対する愛着が過剰な状態のこと。その人がいないと不安な気持ちになり、食欲がなくなったり、排泄の失敗をしたり、吠えたり、物を破壊したり、脚をなめ壊してしまったり、脱走しようとしたり……。分離不安かを見極めるポイントは、これらの症状が飼い主の姿が見えなくなった後すぐ、遅くても30分以内に起こっているか。不安な気持ちは飼い主と離れ離れになった直後にもっとも高まるためです。正確には、留守番カメラを設置してチェックするといいでしょう。飼い主がいなくても、他の人や犬がいれば平気なら、分離不安ではありません。

分離不安を和らげるためには、愛犬の気持ちを汲み、できるだけ不安を軽減するように行動することが大切です。外出する前の行動パターンが犬にバレていると、飼い主が準備をしている間に犬はどんどん不安になります。例えば外出の格好に着替えた後に家でくつろぐ、ゴミを出してすぐ帰ってくるなど、行動パターンを崩して犬の不安を軽減しましょう。また、飼い主が家にいるときにテレビを付けているなら、留守中も付けっぱなしにして、在宅時と同じような雰囲気を作ります。さらに、帰宅した途端にほめて大興奮させると、飼い主の帰宅を待っていた留守中との感情の落差が激しすぎて、留守中に不安を感じやすくなります。帰宅したら、バッグを下ろし上着を脱いで腰掛け、お互い少し落ち着いてからあいさつをするようにしましょう。

COLUMN
なぜほめてしつける
必要があるの？

　犬をほめる＝「オヤツやオモチャなど好きなもの・ことをごほうびとして与える」ことは、犬にわかる方法で正解を教えることであり、犬にとっても楽しいことです。一方、飼い主が犬を叱る状況とは、人間社会にとっては望ましくないけれど、犬にとっては正常な行動の場合がほとんどで、犬には正解がわからないので、ただ叱られても混乱するだけ。例えば、犬にはかじりたい欲求があるので、テレビのリモコンをかじったからと叱っても、今度はエアコンのリモコンをかじります。ただ叱るだけでなく、犬のオモチャなど噛んでもいいものを与えて、噛んだらほめることとセットで教える必要があるのです。また、体罰はその犬に効果のある強さで、しかもトラウマにならないよう適切に与えることは、ほぼ不可能です。犬を萎縮させ恐怖に陥れることがほとんどなので、どんな強さであっても絶対にやめましょう。

・犬をほめることは、犬に正解を教えること
・叱るだけでは、犬は何をすればいいかわからない
・体罰はどんな強さであっても絶対にしないこと

CHAPTER
04

犬の基礎知識編

01 犬の体の基礎知識

犬の体の構造を理解していると、何か不調があったときに状況を理解して対処したり、病院で説明したりしやすくなります。ここでは、日々ケアすることの多いパーツを中心に、犬の体の基礎を解説します。

体の部位の名称

犬の体の部位は人間と少し異なる。例えば、人間は肩甲骨が背中にあるが、犬の肩は首の下の部分全体を指し、肩関節は前のほうにある。

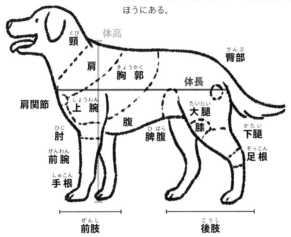

体長と体高

ハーネスや服を選ぶときや、犬と入れる施設でサイズ制限があるときなどに必要になる。体重と合わせて測っておくとよい。

犬の脚の構造

犬を含む多くの四つ足動物の脚は、人間で言えばつま先だちをしているような状態で立っている。

犬の体の構造を理解すれば健康管理に役立つ

　犬の骨格は、後ろ脚で立ち上がらせてみると、人間とほとんど変わりません。人間の場合、肩甲骨が鎖骨に支えられて横に広がってついているのに対して、犬は鎖骨がなく、肩甲骨が縦についています。そのため、人間の腕ほど自由に前脚を動かせず、特に横方向には動かせません。また、犬の体は長距離を走るのに適した形に進化しており、前脚を動かす胸と、後ろ脚を動かすおしりやももの筋肉がよく発達しています。

　全身が毛で覆われているのも、人間と違うところ。被毛には、防寒に加えて、皮脂で水をはじいて体が濡れるのを防いだり、日光から皮膚を守ったりする役割も。暑そうだからとカットしすぎないようにしましょう。

犬の皮膚と被毛

犬の皮膚は人の皮膚よりも非常に薄く繊細で、敏感肌。汗が出る穴は肉球にあり、体全体にはないので汗をかかない。表皮の膜の質も異なり、人は弱酸性だが犬は弱アルカリ性（犬種による）。そのためシャンプーの共有は適さない。

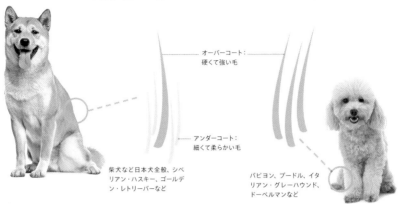

オーバーコート：
硬くて強い毛

アンダーコート：
細くて柔らかい毛

柴犬など日本犬全般、シベリアン・ハスキー、ゴールデン・レトリーバーなど

パピヨン、プードル、イタリアン・グレーハウンド、ドーベルマンなど

ダブルコート：換毛期あり

体を守るオーバーコートの下に、防寒の役割を持つ柔らかいアンダーコートがある。特に夏に向けた換毛期には、たくさんの毛が抜ける。アンダーコートの量は犬種などによって異なる。

シングルコート：換毛期なし

オーバーコートは体を守る役割の毛で、オーバーコートのみの犬種も多い。プードルなどは毛が抜けにくい分、伸び続けるためトリミング（カット）が必要になる。

目や鼻

目：涙や目ヤニはこまめに拭き取る。涙や目ヤニが多い場合、体の不調が隠れている可能性もあるので、念のため病院へ。鼻：健康な状態なら湿っていることが多く、健康のバロメーターとも言われる。寝起きは乾いていることも。乾燥している場合は犬用保湿クリームを塗ってもいい。

爪の仕組み

犬の爪は猫と違って引っ込めることはできない。爪の中に神経が通っており、爪切りのときは神経部分をカットしないように注意する必要がある。

神経部分をカットしないように、斜めに切る。爪が伸びると神経も伸びてしまう

POINT 耳が不調なサインとは

犬の耳も、細菌が入るなどして病気になります。耳に異常があると、頭を振ったり、前脚で頭を掻くようなそぶりを見せたりすることがあります。耳の中を見ると、赤く腫れている、臭う、耳垢が出ているなどの不調のサインが出ているようなら、病院で診てもらいましょう。日ごろから耳の中のチェックも習慣にしましょう。

02 トラブルが多い 消化器官の基礎知識

子犬期は特に何でも口にしようとするので、誤食・誤飲の事故が多いです。ほかにも、空腹になると胆汁が胃に逆流して吐いてしまったり、頻繁に下痢をしたりと、胃腸にまつわるトラブルはつきもの。ここでは犬の胃腸について解説します。

犬の消化器官の図解

口から食べ物を取り込み、噛んで唾液と混ぜて飲み込み、人よりも強い胃酸で消化する。胃を経た後、小腸、大腸でそれぞれ吸収可能な形に分解され、そのカスが直腸を通って肛門から排泄物となって出る。

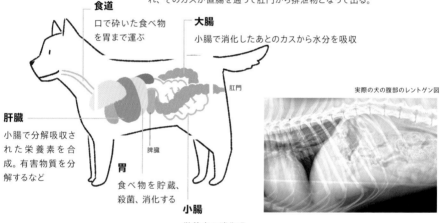

食道
口で砕いた食べ物を胃まで運ぶ

大腸
小腸で消化したあとのカスから水分を吸収

肛門

肝臓
小腸で分解吸収された栄養素を合成。有害物質を分解するなど

脾臓

胃
食べ物を貯蔵、殺菌、消化する

小腸
栄養素の消化吸収、水分の吸収

実際の犬の腹部のレントゲン図

人と犬の消化の仕組みには 少し違いがある

人と犬の消化の違いは、大きく分けて3つあります。1つ目は歯の違いです。人は食べ物を歯ですり潰して咀嚼してから食道に送り、胃に運びますが、犬や猫は噛み切ったらほぼ丸呑みスタイルで、口に入れてから5秒ほどで食道から胃に流してしまいます。

2つ目は消化酵素の違いです。消化酵素とは、食べ物を分解し、消化・吸収を促す酵素のこと。例えば、人間は唾液中にアミラーゼという酵素を持っていますが、犬の唾液にはありません。また、人より犬のほうが胃酸の働きが強いと言われており、骨も消化できるほどです。ただし、加熱した骨は硬いと歯が割れたり、縦に裂けて消化器に刺さったりしやすくなり、また骨の与えすぎは消化不良になることもあるので、注意が必要です。

3つ目に、腸の長さの違いです。人の腸の長さは体長の約10倍なのに対して、犬は体長の約5倍しかありません。繊維質の豊富な物を食べると、十分に消化吸収されないまま排泄されることもあります。オシッコやウ

POINT 犬の歯磨き

保護犬でも、少しずつ口を触ったり、歯磨きしたりする練習をしましょう。犬の歯は人の歯よりもエナメル質が薄いので、歯ブラシは犬用のものか、人用でも知覚過敏の医療用の毛が柔らかいものを選びます。ガーゼなどでは歯の根本や隙間の歯垢を取り除くことができないので、人間同様、歯ブラシを使ったケアに慣れさせることが一番です。

犬の咀嚼、歯の役割

犬は人間ほど食べ物をよく噛まず、基本は切歯で切り裂いて丸呑みする。食べ方がゆっくりな犬は、さらに臼歯で引き裂いて噛み砕くこともある。食べカスが残り、時間が経って歯石になると、歯周病などの原因になる。

犬歯
噛み付いた獲物を逃さないようにするための歯。攻撃にも欠かせない。

切歯（門歯）
いわゆる前歯。食べ物を口に入れる前に切り裂く。

前臼歯
上下の歯がはさみのように噛み合って、食べ物を引き裂く役割を持つ。

後臼歯
前臼歯で引き裂いた食べ物を、さらに細かくすり潰す。もっとも歯石がつきやすい。

ンチは健康状態を確認するツールなので、回数や量、色、軟らかさなどを観察しましょう。

犬の嘔吐と誤食について

体の仕組み上、犬は人間よりも吐きやすい動物です。犬の胃酸は人よりも強い強酸性で、空腹になると胃酸過多で吐くこともあります。吐いたものが黄色い液体で、吐いた後にケロッとしているようなら、空腹によるものが多いです。ただ、短時間に続けて吐いたり、吐く姿勢をしても何も出ないときなどは、すぐに病院へ電話して相談しましょう。

子犬のころは特に、誤食・誤飲をすることがよくあります。人のにおいがついていれば、ピアスやヘアゴム、リモコンのボタン部分、時計のゴムバンド、ストッキングや靴下などを飲んでしまうことがあります。また、暇つぶしにプラスチック製品を噛み砕くこともあります。誤食は命に関わるので、破片をすべて集めて何を飲んだか確認しつつ、すぐ動物病院に電話して相談しましょう。吐かせるか、便として出るのを待つか、内視鏡で取り出しますが、それができなければ開腹手術となります。

03 犬の体調不良はすぐに 病院へ相談する

犬が元気がなかったり挙動に違和感を感じたり、嘔吐や食欲不振など、明らかにいつもと ようすが違うようなら、病院へ相談しましょう。警戒心が強い犬は、我慢してしまう傾向が あります。元保護犬は心を閉ざす犬も多いので、少し大袈裟なくらい気にしてあげましょう。

緊急性の高い病気やトラブルの一例

誤食・誤飲

食べ物以外のものを飲み込んでしまうと、消化管に詰まる恐れがあるので、すぐに病院へ連絡する。夜間や休日でも、自宅から一番近い救急対応の病院へ電話して相談しよう。

胃捻転・腸捻転

胃捻転は胃が、腸捻転は腸がねじれてしまうこと。激しく嘔吐したり、食欲がなかったりする場合はすぐに病院へ相談する。大型犬に多いが、小型犬でも起こり得る。

呼吸困難

鼻から喉、気管の間でトラブルがあり、呼吸がしにくい状態。異物が詰まったなど、さまざまな原因が考えられる。すぐに病院へ相談する。

痙攣

てんかんや低血糖、脳の障害など原因はさまざま。痙攣をしたら触ったり動かさず、障害物などをどかして犬の安全を確保し、様子を録画するか痙攣の時間を記録し病院へ。

どんなに健康そうな犬でも 体調不良は起きる

　動物は言葉が話せないうえに、野生味が強い犬は、弱っていることを悟られないようにすることが多いので、飼い主が日々犬を観察し、どこか様子がおかしいと思ったら体調不良を疑いましょう。明らかに症状が出ていて対処する術がわからないときはスマートフォンで録画するなど記録をして病院で相談しましょう。病院の先生には、録画した症状の様子を見せたり、いつどんな食事をさせて水分

はどのくらい摂ったのか、排泄はどうだったかなど思い出してメモをしておきましょう。
　また、誤飲の予防として、家の中を整頓し床に近いところに物をおかないようにする暮らしに変えましょう。
　例として上に挙げている4つのトラブルは命に関わることがあるものの一例です。もしかかりつけの病院が休日だったり夜間だったりしても、自宅から一番近くの救急病院や、あまりに遠方ならまずはインターネットで獣医に相談する有料のサービスもあるので、すぐにアクセスして相談してみましょう。

意識的に体調変化を気にするポイントの例

体調不良に気付くためには、飼い主から見ていつもと違うかどうかが大きなポイントになる。日ごろから愛犬の全身をチェックしたり、ようすをよく観察したりして、気付いたことがあればメモしておこう。

食べない

いつも食欲旺盛な犬がごはんを食べないのは、不調のバロメーター。2～3日間まったく食べない、水も飲まない、他の症状も併発しているようなら危険なので緊急で病院へ。

吐く

元気がない場合は病院へ。吐いたものに異物が混ざっている、茶色（フードの色以外）や黒、ピンク色のものを吐いた、吐いたものから便臭がする、吐こうとしても吐けない場合は危険。

ウンチがゆるい

食べ物を与えた時間と内容、量、排便の回数と色、量と軟らかさをメモして病院へ相談する。激しい下痢が止まらない場合や、大量の赤やチョコ色の血混じりの血便の場合は要注意。

ヨダレが出る

気持ち悪いときのほか、緊張やストレスでヨダレが出ることがある。脳神経疾患で口が閉じられず、ヨダレが出ることも。ヨダレに血が混じっていたり、泡状になっていたりしたらすぐに病院へ。

体温が高い

犬はもともと人間より体温が高めで、38～39℃ぐらいが平熱。日ごろからそけい部などに触れて平常時の愛犬の体温を知っておき、元気がない時の体温を確認する目安にしよう。

耳をかゆがる、目ヤニが出る

耳に菌が繁殖して炎症を起こすこともある。耳がかゆかったり痛かったりして元気がなくなることも。また、急に目ヤニが多くなったときは、拭わず病院に行って診てもらおう。

POINT 咳はさまざまな不調のサイン

　食べた後に咳をする場合はフードの大きさと食べ方が合わないということもありますし、伝染病の呼吸器疾患ということもあります。素人には判断がつきにくく、さらに、人の場合の咳は気管支や喉そのもののトラブルが多いですが、犬の場合は心臓の病気など気管支ではなく内臓と関わることがあります。咳をしているときは、どんな咳なのかを録画するなどして獣医師に見てもらい、病院で相談しましょう。連日咳をしていたり、急にガハっという咳をし出したら、病院で相談してみましょう。

04 犬のごはんの基礎知識

犬にどんなごはんを与えるかは飼い主の考え方にもよりますが、総合栄養食として販売されているドッグフードを与えるのが一般的です。ドッグフードに水分や栄養を補ったり、味やにおいで嗜好性を高めたりするものとして、トッピングをするのがおすすめ。

フードの選び方

保護犬を迎えてしばらくは、それまで食べていたものを与えよう。その後は、体調を見ながら変えてみてもよい。できれば動物病院で健康診断を受け、血液検査などの結果をもとに獣医師と相談して、フードを選び直そう。

ドライフード

水分10%程度以下のもので、保存性が高い。「総合栄養食」の表示があるものは、それと水だけで健康を維持できるよう栄養バランスがとられている。

ウェットフード

加熱され、缶詰やパウチで販売されている。水分75%程度で、ドライフードよりも嗜好性が高いので、食欲が落ちているときなどに便利。

手作りごはん

犬が食べられる食材で調味料を入れずに作る。温めることで香りが立ち、食欲をそそる。愛犬に必要な食材だけを選ぶことができる。

総合栄養食も選べる

ごはんは突然変えずに様子を見ながら少しずつ変える

　人間のごはんに正解がないように、犬のごはんにも正解はありません。市販のドッグフードの中で「総合栄養食」の表示があるものは、そのフードと水だけで、指定された成長段階における健康を維持できるよう栄養バランスがとられているものです。ただ、総合栄養食を与えていれば問題がないとも言い切れません。長期保存すれば油が酸化することもあります。また、同じものをずっと与えていると、食物アレルギーになることも。複数のものをローテーションして与えるといいでしょう。

　犬も味やにおいを楽しめるように、手作りする機会を作るのもいいでしょう。完全手作りごはんはハードルが高いと感じるかもしれませんが、自分たちのごはんのついでに、調味料を入れないものを別に作ればOK。肉を茹でて茹で汁ごとフードにかけたり、野菜を細かく切って火を通したものをのせたりと、簡単なものから初めてみましょう。ただし、人は食べられても犬には与えてはいけないものや、注意が必要なものもあるので、注意しましょう。

犬には NG の食べ物の一例

柑橘系の外皮
人間が食べない柑橘系の外皮は、犬にも与えない。嘔吐や下痢を起こすことも。

プルーン
葉、種、茎にシアン化合物が含まれ、呼吸困難やショック症状が起きることも。

イチジク
フィシンやソラレンといった物質が嘔吐や口内の炎症、ヨダレを引き起こすことも。

ブドウ
下痢や腎不全の中毒がおきた報告がある。干しブドウも NG。

ナス・ゴボウ
アクが強く尿結石になるリスクが高まる。食物繊維が多く NG。

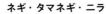

ネギ・タマネギ・ニラ
赤血球を破壊し、溶血性貧血を引き起こす。大量に食べると死に至ることも。

アボカド
種や皮に多く含まれるペルジンが有害。種を飲み込み喉に詰まらせる危険性も。

生卵の白身
中毒報告があるので与えないこと。加熱した卵なら少量与えても OK。

生の豚肉
人と同様にサルモネラ菌、大腸菌でお腹を壊す恐れがある。古い生肉全般も NG。

イカ・タコ・貝類・エビ
消化に悪く、嘔吐や下痢の原因となる。貝類や甲殻類は避けたほうが無難。

そのほか、マカダミアナッツは命にはかかわらないが、中毒性があり嘔吐や痙攣を起こすことがあるので NG。カフェインの入ったもの、アルコール、アロエ、チョコレート、キシリトールなども与えない。

POINT 調味料は犬には不要

人にとっておいしくなる油や塩、醤油などの調味料は犬には不要。塩分は食品のなかにある微量なもので十分なので、調味料が入ると、塩分過多で健康に悪影響を与えます。

05 不妊・去勢手術は病気を予防し寿命を延ばす

保護犬が減らない理由の一つに、野犬や野良犬がどんどん繁殖してしまうことがあります。保護団体から子犬を迎える場合、不妊・去勢を条件にしているケースがほとんど。これ以上不幸な犬を増やさないためにも、病気予防にも、不妊・去勢を行いましょう。

不妊・去勢手術をすると寿命が延びる

生殖器官のガン予防から寿命が延びる

2013年のアメリカの研究結果では、不妊・去勢手術が生殖器官における病気の予防に非常に有効であること、そして不妊・去勢によってオスもメスも寿命が延びることがわかった。

不妊・去勢で防げる病気もある

　動物保護団体から成犬を迎える場合は、不妊・去勢手術済みの場合がほとんど。不妊・去勢前の子犬を迎える場合は、譲渡後の手術を条件としているケースがほとんどです。家に迎えて体調が安定したら、手術を受けましょう。未手術の犬を迎える場合は、狂犬病予防接種や混合ワクチン接種などとあわせてスケジュールを考え、獣医師と相談しておきましょう。成犬の場合でも、不妊・去勢をすることで、病気や発情期の興奮による事故、予期せぬ妊娠などの予防になります。高齢犬の場合は、全身麻酔のリスクを考えて検討しましょう。

手術はいつ受けさせるのがいい？

　不妊・去勢手術を受けさせる時期に関しては、さまざまな研究があり、犬種によってもデータが異なりますが、一般的には生後6カ月前後が推奨されています。メスに関しては、乳腺腫瘍の発生率が限りなくゼロになる初発情前の6カ月前後を推奨する意見が多数派です。オスに関しては、6カ月前後に去勢するとマーキングやマウンティングを減らせると言われます。ただ、大型犬では特に、生後6カ月では骨格ができあがっておらず、関節炎のリスクが上がるというデータもあります。最適な時期はいつなのか、獣医師ともよく相談しましょう。

犬を迎えてから手術までの
基本的な流れ

□狂犬病予防接種

犬を迎えた日（子犬の場合は生後90日の日）から30日以内に畜犬登録を済ませ、まだの場合は狂犬病予防接種を受ける。そのときに病院で相談して、手術の流れの説明を聞いておく。

□混合ワクチン接種（手術の予約をする）

病院に慣れさせるとともに、未接種の場合は混合ワクチンを打つ（どのワクチンを選ぶかは P.78参照）。ワクチン直後の手術は避ける。

□病院に預けに行く（日帰りまたは一泊）

一般的にオスは日帰り、メスは開腹手術になるので一泊入院になる。今後の通院のためにも、病院に行くたびにオヤツを与えて、病院嫌いにならないようにしよう。

□薬を処方されて退院

抗生物質や痛み止めなどを処方されて退院。傷口を舐めてしまわないように、しばらくはエリザベスカラーを巻くか、術後服で生活する。エリザベスカラーは病院から貸し出されることが多い。

□術後は安静に

手術当日や退院日は、外に出るのを避けて家で安静にする。10〜14日後の抜糸までは、走り回ったり、他の家の犬と戯れ合ったりすることは避けて、おとなしく過ごす。薬は忘れずに与えて、経過検診や抜糸のために必ず受診する。

POINT 去勢や避妊のデメリットとは

　不妊・去勢手術は全身麻酔で行われるため、手術中に容態が急変するリスクがあります。手術の前には、病院から各種リスクについて説明がされ、手術承諾書に署名をする場合がほとんどです。また、術後に麻酔が切れると痛みや違和感があるので、病院から処方される鎮痛剤などを与えて、ス

トレスを軽減させてあげましょう。術後の傷口の衛生管理が不十分だと、感染症のリスクもあります。

　手術後の生活で気をつけたいのは、ホルモンバランスが崩れることなどによる肥満です。手術後は、食事の量や内容、運動量などを見直しましょう。

06 ワクチンや投薬による 感染症の予防

狂犬病予防接種は飼い主の義務ですが、混合ワクチンは任意であり、種類も多く、何を受けさせていいのか判断に迷うところです。獣医師に相談する前に、基礎知識を知っておきましょう。また、投薬によるフィラリア予防も必須です。

狂犬病とは

致死率は100%、人にもうつる非常に危険な感染病

感染するとどの動物でも致死率100%という非常に危険な病気で、唾液に含まれるウイルスから感染する。日本でも1950年以前には多くの犬が狂犬病にかかったが、野犬の抑留が徹底され、7年間かけて根絶された。この状況を保つには、多くの犬が予防接種を受ける必要がある。海外ではいまだ蔓延している国も少なくなく、人間が渡航して動物に触れる機会があるなら、予防注射を受けるのが望ましい。動物から人にはうつるが、人から人にはうつらない。

フィラリア症とは

蚊を媒介として犬から犬へうつる感染症

フィラリアとは、犬の心臓や肺動脈などで成長するヒモ状の寄生虫。感染した犬の体内で生まれたミクロフィラリア（小虫）を含んだ血液を蚊が運び、ほかの犬に接触して感染していく。感染初期は無症状だが、進行すると腹水でお腹が膨らみ、咳が出たり呼吸が荒くなり、血尿が出るようになる。ただ、毎年予防薬を投薬していれば感染しない。フィラリアに傷つけられた臓器が完全に元に戻ることはないが、寄生虫を駆除し、日常生活を送ることはできる。

混合ワクチンは 必要な種類だけ打つ

　狂犬病は、人にも感染し、致死率が100%の恐ろしい感染病です。現在の日本では撲滅の状態を保てており、この状態を維持するためにも、毎年一回の狂犬病予防接種を忘れないようにしましょう。

　一方、任意の混合ワクチンは、接種するしないは自由です。混合ワクチンには2種から10種まであり、病院によっても扱っているタイプが異なります。「コアワクチン」と「ノンコアワクチン」に分かれ、コアワクチンとはすべての犬が接種すべきもの、ノンコアワクチンは暮らす地域環境や暮らし方などその犬の感染のリスクに応じて接種すべきものです。愛犬の健康を考えると、コアワクチンは接種するのが安心です。

　ただし、カバーできる種類が増えれば増えるほど、それぞれの効果は薄まると言われており、多ければいいわけでもありません。ノンコアワクチンは、例えば普段から人にも犬にも接する

POINT フィラリア陽性だったら？

　事前情報で「フィラリア陽性」となっている保護犬は、迎えるのをためらうかもしれません。しかし、感染してからどの段階で治療を始めたかによって、状況はかなり違います。早期発見され、治療して寄生虫を駆除し、ほぼ支障なく日常生活を送れるケースもあります。先住犬にしっかりフィラリア予防薬を飲ませてあげれば、複数頭飼育も可能です。迎えたいと思った犬が「フィラリア陽性」になっていたら、容態を詳しく聞いてから判断しましょう。いずれにしろ、陽性でない犬を迎える場合は、春先に血液検査を受け、蚊のいる5〜12月はしっかり予防薬を飲ませましょう。

犬のワクチンの種類と構造

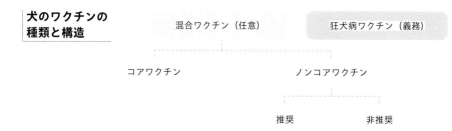

混合ワクチン（任意）　　　　狂犬病ワクチン（義務）

コアワクチン　　　　　ノンコアワクチン

推奨　　　　　　非推奨

	感染症名	2種	3種	4種	5種	6種	7種	8種	9種	10種
コアワクチン	犬ジステンパー	○	○	○	○	○	○	○	○	○
	犬伝染病肝炎（犬アデノウイルス1型）		○	○	○	○	○	○	○	○
	犬アデノウイルス2型感染症		○	○	○	○	○	○	○	○
	犬パルボウイルス感染症	○		○	○	○	○	○	○	○
ノンコアワクチン（推奨）	犬パラインフルエンザ				○	○	○	○	○	○
	犬パラインフルエンザ（イクテモヘモラジー型）							○	○	○
	犬レプトスピラ症（カニコーラ型）							○	○	○
	犬レプトスピラ症（ヘブドマディス型）								○	○
	犬レプトスピラ症（グリッポチフォーサ型）									○
非推奨	犬コロナウイルス感染症					○		○	○	○

ことの少ない、都市部で暮らすあまり活動的ではないシニア犬であれば、不要かもしれません。里山に行ったり、水辺で遊んだり、ほかの犬と接したりすることの多い犬の場合は、温暖な地域で水などを介して感染するレプトスピラ症を含む7〜10種を検討するとよいでしょう。

感染症やワクチンの状況は保護犬への応募前に確認しよう

　保護犬は、保護されるまで感染症予防をきちんとされていなかった可能性が高く、感染症のリスクが高いため、保護団体ではまず検査やワクチン接種をさせるケースがほとんどです。希望の保護犬が見つかったら、フィラリア症など感染症にかかっていないか、ワクチンは接種してあるかなどを事前に確認しましょう。病気などの情報がなかったとしても、譲渡後、落ち着いたら健康診断を兼ねて動物病院に行き、追加ワクチン接種が必要かや、不妊・去勢手術など、その後の通院プランを相談しましょう。

07 犬のボディランゲージを知ろう

犬は犬なりの言葉で飼い主に話しかけています。人間の言葉を犬に教えるだけでなく、こちらも犬の言葉を学びましょう。特に、一度は人から見放されてしまった経験を持つ元保護犬と接するときは、その気持ちを丁寧に読み取ってあげたいものです。

ボディランゲージの一例

パーツ単体では同じシグナルでも、全然違う感情を表している場合も。体全体のシグナルを見て、総合的に判断する必要があります。

耳
・耳と耳の間が狭まる…興味、集中、警戒
・ピンと立てる…注目、注意、威嚇、危険を察知
・後ろに引いている……不安、嬉しい

口
・歯をむき出す……強い警戒、強いおびえ
・口角が短い……興味、集中、攻撃
・口角が長い……甘え、不安
・ハアハアする……緊張（運動や暑さによるものを除く）
・口元が緩み、少し口が開いている……リラックス、嬉しい

体
・姿勢が高い……強気、威嚇
・姿勢が低い……弱気、恐れ
・毛が逆立つ……緊張、威嚇、恐怖

シッポ
・高め……自信あり
・低め……自信なし
・ゆったり左右に振る……親愛、信用、信頼
・激しく振る……喜び、興奮、怒り
・巻き込む……おびえ、萎縮、不安

犬の豊かな感情表現に目を向けてみよう

　犬は社会性が高い動物で、犬同士では全身を使って会話しています。また、飼い主に対しても同じように全身で語りかけて、コミュニケーションを取ろうとしています。それは、「シッポを振っているから喜んでいる」「口を開けているから笑っている」といった単純なものではなく、もっと複雑で豊かなものです。どんなときにどんなシグナルを出すかはその子によっても違うので、愛犬をよく観察してみましょう。

　犬は他の動物に比べて、人間のすることを受け入れてくれる範囲が広く、細かいシグナルを出しながらも我慢してくれる犬も多いです。しかし、保護犬の場合は人間社会に慣れておらず、許容範囲の広くない犬もいます。気づかずその子の許容範囲を超えてしまうと、恐怖のあまりトラウマになったり、逆に攻撃的になることもあります。そうなる前に、小さなシグナルに気づいて対応することで、「この人は嫌なことをしない」と信頼してもらうことができます。

犬が嫌がっている シグナルの一例

人慣れしていない子やビビリの子に対しては特に、嫌がることを無理やりしてしまうと信頼関係を築けない。犬が発する細かいシグナルに敏感に気づいて対応しよう。

うなる、歯を見せる

歯を見せたり鼻にしわを寄せたりしてうなるのは、「これ以上やると攻撃しますよ」という最後通告。このシグナルが出る前に、細かいシグナルに気づいて対処しよう。

体が逃げる

体をこわばらせて、嫌なほうから体を遠ざけるのは、わかりやすいシグナル。逆に、好きなほう、行きたいほうには自分から進んで寄っていくはず。

シッポを巻き込む

おしりを隠すように丸めているのは、おびえているとき。攻撃的な犬に対して和平交渉を持ちかけるときにも使われる。これ以上怖がらせないようにしよう。

口を開けてハアハアする

口角が上がって見えるので、笑っていると勘違いされることも。口を大きめに開けて浅く速く呼吸しているときは、運動後や暑いときなど以外、緊張しているシグナル。

不安や恐怖のときに 見せるシグナルの一例

犬が自分や仲間を穏やかにし、落ち着かせ、静かにさせたいときに出す合図を「カーミングシグナル」と言う。ここでは、本犬が不安やストレスを感じているときに出すものを紹介する。

☐ **自分の鼻をなめる**
不安を感じている自分を落ち着かせようとするシグナル。口をくちゃくちゃすることもある。

☐ **あくびをする**
緊張したり不安を抱いたりしている相手を落ち着かせようとするシグナル。自分が緊張しているときにも使う。

☐ **体をブルブル振る**
嫌な気持ちや不安な抱いたときに、その気持ちを切り替えたい感覚から行うシグナル。

☐ **顔をそむける**
正面から向かってこられて威嚇されたと感じた犬が、不安を抱いていることを表すシグナル。

☐ **地面のにおいを嗅ぐ**
自分の不安や興奮を抑えるために、においを嗅いで安心しようとしているシグナル。

08 もしも犬を迷子にさせてしまったら

保護犬の譲渡が少しずつ増える一方で、トライアル期間中や譲渡されて早々に逸走してしまう事故も発生しています。元野犬や野良犬、臆病な犬に関しては特に、逸走に十分な注意が必要です。逸走事故を防ぐための予防法と、迷子になったときの対応を解説します。

迷子対策の3種の神器を身につけよう

マイクロチップ（体内・努力義務）

2022年6月1日から、飼い主の情報などを登録できるマイクロチップの装着は飼い主の努力義務になった。近隣の埋め込みに対応している動物病院で装着してもらおう。保護団体が病院で装着済みの場合も多い。

鑑札（義務）

自治体で畜犬登録をすると交付される。この鑑札と、狂犬病予防接種済票をつけることは飼い主の義務。鑑札があれば、誰かが保護してくれたときに、自治体で飼い主が判明する。

首の柔らかい箇所に挿入されている直径1.4mm、長さ8.2mm程度の円筒形のごく小さなカプセル

首輪・ハーネス・ネームタグ

首輪やハーネスに飼い主の情報を記載しておこう。首輪やハーネスはもし迷子になったときの目印にもなり、保護にも役立つ。常に装着しておく、外せないネームタグもおすすめ。

迷子にさせない予防が最重要

愛犬を迷子にさせないためには、そもそも逸走してしまわないための予防が大切です。玄関にゲートを設置するなど犬の居場所から外までは二重扉にする（P.35参照）、散歩中は首輪をダブルリードにする（P.52参照）、外出先では脱走できる隙間がないかをよく確認する、呼び戻しや信頼関係を築くトレーニングをしておく（P.50参照）といった予防策をとっておきましょう。トライアル期間中や譲渡直後は、犬が環境に慣れていないため、特に注意が必要です。

それでも迷子になってしまったときのために、マイクロチップ、鑑札、迷子札をつけておくことも忘れないようにしましょう。1つでも身につけていれば、愛犬が保護されたときや万が一事故にあってしまったときにも、身元がわかるため、飼い主のもとに帰ることができます。マイクロチップは獣医師が注入器を使って皮下に装着をします。費用は病院によって1,000〜10,000円程度がかかりますが、条件によっては費用を一部負担してくれる自治体もあるので、インターネットや市役所などで調べてみましょう。

POINT 愛犬に GPS をつけておこう

万が一愛犬を迷子にさせてしまった場合、マイクロチップや鑑札、首輪は、誰かに保護してもらえたときにしか役立ちません。自分から探せるものとして、GPS などを犬の首輪に装着しておくのも手です。機能や精度は商品によってさまざまなので、ライフスタイルに合うものを選びましょう。例えばアップル社

の「AirTag」は、近くに誰かの iPhone などがないと追跡できないため、街中のみで暮らす犬向けです。「tractive」は月額制ですが、防水機能や健康管理機能もついていて、アウトドア好きの犬にもおすすめできます。ただし、まめに充電して、電池が切れてしまわないよう注意する必要があります。

日々のトレーニングが重要

譲渡して間もないうちの逸走は、左ページの 3 つを犬に装着し、自宅や散歩の環境を整えて、家族全員で注意して予防することが大事。譲渡後は、信頼関係を築くトレーニングや呼び戻しの練習をして、万が一犬が手元から離れしまってもすぐ戻れるようにしよう。ただし、どんなにトレーニングをしていても、例えば里山などで野生動物を追ってしまうなどして呼び戻せないこともあり得る。やはり逸走してしまわないよう注意することが一番だ。

迷子にさせてしまったら

連絡するところ
・近隣の動物愛護（保護）センター
・交番
・警察署
・清掃局（土木課、環境衛生課、国道事務所）

SNS への拡散
・Facebook の 各種迷子犬の掲示板
・Instagram
・Threads
・X（旧 Twitter）

チラシの配布
チラシには以下の情報を盛り込む。
・全身と、首輪や体の特徴の拡大写真
・名前や年齢、性別、特徴、性格
・脱走した場所や経緯
・見かけたらどう対応してほしいか
・連絡先

もし迷子にさせてしまったら初動が重要になる

少しの油断で逸走してしまうことはあり得ます。もし迷子になったら、時間が経って遠くへ行く前に、オヤツなどを持ってすぐに周りを探します。探しながら近所の人に聞き込みをし、見かけたら連絡をもらえるよう電話番号などのメモを渡すといいでしょう。犬がひとりで歩いていると目立つため、近所の人に目撃されていたり、人懐っこい犬なら保護されていたりすることも多いです。早めに近隣の警察署や交番などにも届け出ましょう。

自分たちだけの目で探すのには限界があるので、翌日以降は迷子情報を広く拡散し、探してくれる人を増やしましょう。愛犬が行きそうなエリアにいるより多くの人に、いかに効率よく情報を拡散するかがポイントになります。チラシを作成して配布したり、SNS などで情報を拡散したりと、その地域や犬の性格に合った方法で目撃情報を募りましょう。

ビビリで保護が難しい犬の場合は、見つけても絶対に追わないことが大切です。野良猫の捕獲のように、食べ物と捕獲機を使ったほうがいい場合もあります。道具と技術を持っている人に協力をお願いしましょう。

COLUMN
ノーリードの危険性

　普段、街中のアスファルトの道路を歩かせている愛犬には、自然の中に出かけたときくらいリードを放して思いっきり遊ばせたいと思うでしょう。しかし、犬をノーリードで遊ばせることは、自治体で禁止されている場合があり、国レベルの法律でも原則禁止です。動物保護団体でも、ノーリードにさせないことを約束させられる場合があります。ルール上 NG なだけでなく、野生動物を追いかけて戻って来られなくなったり、雪山で埋もれて身動きが取れなくなったり、首輪やハーネスが木などに引っかかってしまったりといったリスクも考えられます。愛犬をノーリードで遊ばせたい場合は、ドッグランや、柵などで囲われたキャンプ場のドッグフリーサイトなどを利用しましょう。その際にも、戸がしっかり閉まっているか、脱走できる隙間がないかなどを、しっかり確認しておきましょう。

・ノーリードは法律で原則禁止されている
・野生動物を追いかけるなどして戻れなくなるリスクもある
・ノーリードにしたいときはドッグランなどで遊ぶ

CHAPTER
05

猫の基礎知識
&猫との暮らしの準備編

01 猫の歴史と基本的な習性

保護猫を迎える前に、そもそも猫とはどんな本能や習性をもった動物なのかを知っておきましょう。人と暮らした経験がなく、人との接し方を知らない猫の場合は特に、野生の生き物のように警戒心が強く、慣れるまで時間がかかることもあります。

犬と同じ祖先から分化した

木の上で小動物などを狩って生活していたとされるミアキス。多系統あるとされている。

もとを辿れば「ミアキス」という動物

約6,500万～4,500万年前に生息したとされている、イタチに似た動物。体長約30cm。森林が主な生息地だったが、平原に移る個体が現れ二分化。平原に移ったものは体の構造も変化し、例えば走り込んだり威嚇したりするために、出し入れできた爪の構造が退化して出しっぱなしになったり、脚力が付いて筋肉質になったりした。これが犬の祖先となった。一方、森林にいたものはそのままネコ科の動物として進化したと考えられている。

平原に移動したものが犬の祖先

大きく開けた草原に移動したミアキスの一部は、群れを作って仲間を守り、協力し合って狩りをした。その末裔が、集団で社会を作り、仲間とのコミュニケーションのために遠吠えをする狼の祖先となった。

森に残ったものが猫の祖先

主に木の上で暮らしたミアキスの中で、そのまま森林に残って進化した者たちが猫の祖先となった。薄明薄暮性で、木登りが得意、単独で行動し、待ち伏せして獲物を狩るといった特徴が、猫にも引き継がれている。

狩猟本能が強い

狩りに特化した能力を持つ

狩猟本能が強く、待ち伏せ型のハンター。完全室内飼いの場合は特に、狩猟に見立てておもちゃを追わせたり、飛びつかせたりすることで、ストレスを緩和できる。犬は肉食寄りの雑食でなんでも食べるが、猫は肉や魚など肉食オンリー。

警戒心が強い

簡単に心を許さない

人と暮らした歴史がより長い犬は、基本的に人間に寄り添って生きる動物だが、猫はそうとは限らない。保護猫であればなおのこと、警戒心が強く、信用してもらうまでには時間が必要な場合もある。特にメス猫は警戒心の強い子が多い。

単独行動が基本

群れないが集まることはある

群れとして集団で生活することはないが、集まることはある。単独行動が基本だが、家族など信頼している人や動物に甘えてくっつくこともある。信頼関係ができると、犬のように常に飼い主のそばにいたがる猫もいる。

学習能力は高い

犬のように従うことには興味がないかも

トイレの場所を教えたりキャリーバッグに入ったりなど、トレーニングをすることは大切。ただ、その際に叱責したり体罰を与えたりすることは厳禁。飼い主が望む行動をしてくれたら、ごほうびを与えるパターンで学習させていく。

犬との暮らしと猫との暮らしはまったく異なる

　保護犬と保護猫のどちら迎えるか迷う人もいるかもしれませんが、実は犬と猫では生態がまったく異なります。猫と一緒に幸せに暮らすためには、猫が本来どんな動物なのかを知っておきましょう。そうすれば、猫の行動をより理解でき、どう接すればいいかがわかるようになるでしょう。

　このページで紹介しているように、猫はも

ともと単独行動を基本とするため、ひとりで過ごせる場所や時間があるほうが安心します。保護猫を迎えて嬉しいからとしつこく触ったりコミュニケーションをとろうとしたりすると、かえって猫にとってストレスになり、嫌われたり心を閉じてしまったりすることもあります。

　猫と幸せに暮らすための最大のヒントは、猫の本能や本来の過ごし方を理解し尊重すること。そのうえで愛情を注ぎ、住環境を整えて、正しい食生活を提供してあげましょう。

02 猫を迎える前に 今後の見通しをイメージする

猫は犬と違って散歩の必要はありませんが、ごはんの用意や排泄物の処理、健康管理など飼い主がやるべきことはたくさん。ペットがいないときとはまったく違った暮らしが始まります。特に子猫のうちは、ほぼ24時間目を離せないと言っても過言ではありません。

猫の生涯 / 猫の成長の状態 / 飼い主が注力したいこと

授乳期 誕生〜3週齢

母親との関係が大事な時期

生後10日程度までは鳴いて親を呼び、ミルクを飲むことがメイン。3週くらいまでになると体ができあがってきて、運動能力が増し、きょうだいでじゃれあったりするようになる。

社会化と基礎トレーニング

生後10日より前に親猫と離すと、精神的に不安定な猫になりやすい。子猫を引き取る場合、親猫がいるならこの時期は親猫と過ごさせるほうがよい。

子猫期 4〜16週齢

柔軟に学習する時期

人との暮らしに慣れたり、複数頭飼育や多頭で保護されているならほかの猫とのコミュニケーションを学んだりしやすい時期。身体能力がより増して行動範囲が拡がる。

社会化を意識する

社会化とは、一生を通じて経験するであろう刺激や環境に対して適切に行動できるよう学習すること。特に人のいる環境や世話に慣らすことを重点的に実施すべき時期。

若年期 17週齢〜6カ月齢

学びを継続する時期

性的に成熟するまでの期間。子猫期の社会化で学んだことを忘れてしまうこともあるので、ここで学び直し、もしくは継続させてあげることが必要。

環境をグレードアップする

社会化トレーニングの継続が必要。どんどん活発になっていくので、キャットタワーなど高い場所へ行けるような住環境を作るとともに、積極的に遊んであげよう。

成熟期 7カ月齢〜4歳齢

性成熟をして大人になる

メスは7カ月、オスは9カ月くらいで性的に成熟し、繁殖できるようになる。さらに2〜4歳になると精神的に自立する。仲の良いきょうだいとも距離をとることも。

遊ぶ時間を作る

適切な量と質の食生活、上下運動などができる環境作り、遊ぶ時間の確保が大切。誤飲などの恐れもあるので、何か様子がおかしいなら動物病院で診察してもらうこと。

シニア期 7歳齢〜

全身が少しずつ衰える

関節の可動域が狭くなり、運動量と筋肉量が減る。聴覚や視覚は衰えやすいが、嗅覚は低下しにくい。歯肉炎など口内トラブルが発生して食欲の減退につながりやすい。

健康維持・介護対策

遊び方をシニア向けにしたり、血行不良になりがちな子には暖かい場所を用意したりと配慮をする。健診をこまめにしたり、サプリや薬を与えたりと何かと出費も増える。

ライフステージも変化する

人のライフステージの一例

猫の成長の変化

子猫

ミルクに排泄とつきっきりの育児

成猫

好奇心・体力ともに旺盛。遊んであげよう

シニア

通院が多くなりやすい。介護が始まることも

猫の成長

学生

通学、学校での時間、部活やアルバイト、試験勉強、友人などと過ごす時間も。旅行や留学、ワーキングホリデーなどで長期間家を空けることも視野に入れる。

就職・社会人へ

一人暮らしの場合は生活のすべてを自分で回すことに。通勤がある場合は家にいる時間が少なくなることも。旅行や出張、飲み会で朝帰りなども起こりえる。

同居家族が増える

一人暮らしから家族やパートナーと住むようになることも。飼育への協力者が増えて負担が減ることもあるが、同居人が協力的でないこともありえる。

転職や転勤、異動など

転職や転勤、異動などで、それまで住んでいたところから転居することも起こりえる。そうなったときにどうするかも想定しておこう。

家事や介護とパート

結婚して配偶者の扶養に入り、パートタイムで働く場合は、家を留守にする時間は減るかもしれないが、家事や家族の介護を多く担うことが多い。

妊娠・出産・育児など

子どもの世話に追われるだけでなく、子どもや同居人、自分が猫アレルギーになることもある。どうしても飼えなくなったときにどうするかも話し合っておこう。

自分のライフスタイルの変化を想定しておこう

　動物を家族に迎えると、ライフスタイルが一変します。猫とのかけがえのない時間や関係性がもてたり、多くの学びがあったりもします。一方で、家族に迎えた猫が生涯を全うするまでに、飼い主自身のライフスタイルに変化が起こることもあります。もしも生活の変化が起きた場合はどうするのか、あらかじめ家族と話し合っておくことをおすすめします。

散歩いらずの猫は手がかからないという幻想

　心の癒やしや支えとしてペットを迎えたいという人は多いですが、犬は散歩が必要だか

ら飼えないけれど、散歩が必要ない猫なら手間がかからないから飼育できる、という考えで迎えるのは少し危険です。

　猫も、快適な環境を保つためのまめな掃除や世話、健康維持のための食餌や手入れ、ストレス解消のための遊び相手など、まったく手間がかからないということはありません。また、ごはんと水を十分用意すれば2～3日留守番させても大丈夫と考える人もいますが、帰ってくるはずの飼い主をいつまでも待ち続けてひとりぼっちで過ごす猫は、幸せとは言えないかもしれません。

　猫も、ベストな住まいの環境や飼い主とのよい関係性、そして良好な健康状態を保ち続ける努力が飼い主に必要なのは、犬と何ら変わりありません。

03 保護猫を迎える前に 知っておきたいこと

どんな猫とどんな暮らしたいかをイメージしたうえで、保護猫の里親募集サイトや譲渡会などで「この子を迎えたい！」という子を見つけたら、その猫の個体情報を収集し、自分の暮らしとマッチするかをよく確認しましょう。

猫が心を開くまでは 適度な距離感を保って過ごす

じっくりと時間をかける

保護猫の場合は特に、思い描いている猫との暮らしやコミュニケーションは、すぐに実現できないかもしれません。少なくとも数日、猫によっては数週間〜数カ月は最低限のコミュニケーションにとどめ、少しずつ少しずつ信頼してもらうつもりで迎えましょう。

迎えて翌日からなつく猫もいれば、猫から寄ってきてくれるまでに1年かかる猫もいる

保護される前後のようすを よく聞こう

迎えたいなと思う猫に出会ったら、保護団体や動物愛護センターなどで世話をしている人に、どんな状況で保護され、シェルターではどんなようすだったかなどを聞いておくと、その子の気質を知る手がかりになります。野良猫として外で生き抜いてきた猫であれば、警戒心がとても強いことが多いです。もともと飼い猫だったとしても、前の飼い主の接し方によっては、人に対して心を開きにくい場合もあります。そのため、保護猫を選ぶときには、自分たちで決めてしまわず、保護団体に相談をして決めると安心です。例えば、見た目でかわいいなと

思ったとしても、とても臆病で神経質な猫であれば、活発な子どもがいる家庭には不向きかもしれません。

外で生き抜いてきた野良猫やシェルターで過ごした猫には、辛い体験をしてきた子もいます。新しい家族につなげるために必死で活動している団体のスタッフとしては、二度と辛い思いをさせたくなく、引き取り先では幸せになってほしいものです。そのため、なるべく相性のよい家庭に譲渡するべく、家族の状況や住まいの環境などについての厳しい条件を設けているところもあります。自分が迎えたいと思っても、その猫の気質やこれまでの背景、そして飼い主となる家族の環境によっては、別の猫のほうがよいということもあります。

大人の保護猫は
警戒心が強いことが多い

すぐに甘えてこない

猫が落ち着くまでにどれぐらいかかるかは個体差があるので、一概には言えません。迎える猫が安心できる環境を作って、忍耐強く、焦らずに過ごしましょう。

家に慣れてきて、ケージから出てのびのび過ごすようになっても、人にはなかなか近づかないということもある

POINT 雑種の成猫を迎えるメリット

保護猫には、雑種の成猫が多くいます。雑種は、純血種が抱えていることがある遺伝的な病気のリスクが少ないというメリットがあります。また、成猫は、まめな世話や気配りの必要な子猫や、好奇心とエネルギーに満ち溢れていてとことん構ってあげる時間を作る必要のある若齢猫と違って、落ち着きがあるため、仕事や家事で忙しい人には向いているでしょう。

成猫は慣れにくいイメージがあるかもしれませんが、シェルターにいるときは神経質そうに見えても、安心できる家ができれば、あっという間に打ち解けるパターンもあるようです。迎える猫が家族と一緒に幸せに暮らせるかどうか、トライアル期間（P.19）で見極めてあげられるとよいでしょう。

04 猫の飼育にかかる費用とワクチンについて

猫の飼育には毎月一定のお金がかかります。そして寿命は 13 ～ 15 年、長くて 18 年なんていう長寿の猫もいます。家族が増えることでかかる費用を念頭において、保護猫を迎えましょう。

初期費用は 20,000 ～ 30,000 円、毎月かかる費用は約 6,500 円～

初期費用

・首輪やケージなど道具類

3 段ケージは約 15,000 円。キャリーバッグが 3,000 円～、トイレトレーや雑貨が 10,000 円。玄関の柵（高さがあるゲート）は 30,000 ～ 45,000 円とやや高額だが間取りによっては必需品。

初期費用

・不妊・去勢手術の費用

一般的には 15,000 ～ 30,000 円前後だが、手術の前に血液検査（～ 10,000 円台）の費用がかかる。自治体によって飼い猫にも助成金が出ることも。

毎月かかる費用

・フードやオヤツ・消耗品

フードは月に平均 5,000 円以下。オヤツで合計月 6,000 円とすると、年間で約 72,000 円。消耗品ではトイレ砂などが定期でかかる。

毎月かかる費用

・フィラリア・ノミダニ予防薬

フィラリア予防の飲み薬は 1 錠 1,000 円～。ノミ・ダニ予防薬は皮膚につけるタイプは 3 本入りで約 2,500 円。月に約 1,000 円程度。

毎年かかる費用

・ペット保険（任意）

月 500 ～数千円のものがある。完全室内飼育でも、飼い主が持ち込んだ細菌などによって、猫も感染症になることがある。

毎年かかる費用

・健康診断（年一度を推奨）

触診や血液検査など 5,000 ～ 10,000 円。内容によって加算される。若いときは年に一度、シニアは半年に一度の受診が推奨される。

・混合ワクチン（任意）

任意の混合ワクチン（詳細は右ページ参照）は 3 ～ 7 種があり、4,000 ～ 8,000 円。

突発的な費用

・通院・薬代

猫エイズ未検査の場合は、FIV 検査が約 5,000 円。猫白血病ウイルス感染症は FIV 検査と同時にできる。病気になると、通院と薬に莫大な費用がかかることも。

突発的な費用

・ペットホテル・シッター

ペットホテルに預ける場合は 1 泊 5,000 円～。自宅に来てくれるペットシッターに依頼する場合は、1 回 4,000 円が相場。店によってはシャンプーなども追加料金で依頼が可能。

室内飼育の感染源は
飼い主が外から連れてくる

室内飼育でも飼い主が外から衣類などに付着させたウイルスや細菌を持ち込むことがあるので、混合ワクチン接種は必須。猫の混合ワクチンの種類は3種・4種・5種・7種があり、一般的なのは3種混合で、4,000～6,000円。4種で5,000～8,000円、7種で8,000円前後。どの種類を打てばいいかわからない場合は動物病院で相談しよう。

猫のワクチンの
種類と構造

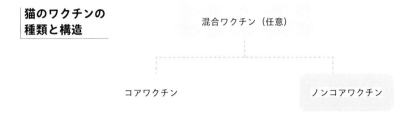

混合ワクチン（任意）

コアワクチン　　　　　　　　　　ノンコアワクチン

	感染名	3種	4種	5種	7種	単体ワクチン
コアワクチン	猫汎白血球減少症（猫のパルボウイルス）	○	○	○	○	
	猫ウイルス性鼻気管炎	○	○	○	3種	
	猫カリシウイルス感染症	○	○	○	○	
ノンコアワクチン	猫白血病ウイルス感染症			○	○	
	クラミジア感染症			○	○	○	
	猫免疫不全ウイルス感染症（猫エイズ）					○

ペットホテルなどの施設では、混合ワクチン接種証明書の提示を求められることが多い。ただ、例えば高齢の子や持病のある子など健康状態のよくない猫に、年に一度接種させる必要があるかどうかは、動物病院でも相談して決めよう。ワクチン接種証明書の代わりに、抗体検査結果の提示でもOKな施設もある。

月々の費用は少なくても
病気やケガ、預けの費用を忘れずに

　猫を迎えるときは、必要なものをそろえるために数万円の費用がかかることもありますが、月々の費用はフード代やトイレ砂代で5,000円程度と、それほど高くありません。ただし、突発的に起きる病気やケガの医療費、車がなければ病院までのタクシー代（ペットが同乗できるか要確認）などもかかります。人間のように健康保険がなく、医療費は実費を支払うことになるため、ペット保険に入っておくこともおすすめです。また、飼い主が家を空けるときは、ペットホテルやペットシッターなどの費用もかかります。

　猫を迎えるにあたってペット可の賃貸物件への引っ越しを考えている場合、ペットを飼育するなら敷金は家賃3カ月分、返金なしなど契約内容が異なる場合があります。また、犬はOKだけれど猫はダメ（その反対もあり）など、貸主によって限定している場合もあるので、事前に確認しておきましょう。

初めにかかる病院での費用は
今後の安心につながる

　それまでの暮らしや背景がわからないことの多い保護猫は、保護後に健康診断や感染症の検査をする必要があります。保護団体などから迎える場合は、健康診断や感染症の検査、ワクチン接種が済んでいるか、迎える前に確認しましょう。自分で保護した場合は、感染症の検査や混合ワクチン接種、去勢・不妊手術について動物病院で相談し、通院のスケジュールを組みましょう。

05 先住猫がいる場合の 迎え方は？

すでに先住猫がいる場合は、新入りの保護猫と先住猫との相性も重要です。特に血縁の
ない猫同士では、さまざまな気配りが必要になります。また、今の住環境にもう1頭迎
えられる余裕があるかも確認しましょう。

今の猫の住環境を確認する

□猫用のものの数と量

トイレ、フードと水の器、ケージ、寝床
になるベッドの数など、猫の暮らしに
必要な物をカウントし、新しい猫に不
足しているものが何か確認する。

□お気に入りの場所

先住猫のお気に入りの場所を確認
し、新しく迎える猫にもお気に入りに
なりそうな場所の余裕があるか確認
する。

□隠れ場所や見晴らしのよい場所

家の中で、逃げたり隠れたりできる場
所や、周囲を見渡せる場所があるか
確認する。そのような場所が複数ない
場合は、工夫をして作っておく必要が
ある。

先住猫の気質に合わせて
新入り猫を選ぶ

　猫が安心して暮らすためには、相性のよく
ない猫の組み合わせを作ることはなるべく避
けてあげたいものです。そのためにも、迎え
る前に先住猫との相性をチェックしたいとこ
ろですが、特に血縁関係がない成猫同士の相
性を、短期間のトライアルでチェックするこ
とは難しいのが現実です。先住猫がいる場合
は、飼い主がお互いをうまく引き合わせる工
夫をすることがとても大事です。

　また、初めはそれぞれの猫が別々の部屋に
いて鉢合わせしない環境がスタートしやすい
です。今後の猫たちの心地よい暮らしのため

にも、ケージが置けるかどうか、部屋の確保
は大丈夫かなど、スペースに余裕があるかど
うか確認してから検討をしましょう。複数
頭飼育になる場合、猫の数＋1個のトイレを
別々の場所における空間が住まいにあるかど
うかも確認が必要です。

　いざ引き取ることになったときは、まず新
入り猫の警戒心が解けるまで先住猫から隔離
して様子を見、右ページのようににおいの交
換からスタートします。ただし、そもそも先
住猫が臆病だったり攻撃的になったりする場
合や、持病や高齢などにより手厚いケアや介
護などが必要な場合は、どちらの猫にもスト
レスがかかりかねないので、引き取りを諦め
たほうがよいでしょう。

POINT 猫用フェロモン製品を活用する

　猫は機嫌がよいときに、人や壁などに頬をスリスリと擦り付けていることがあります。これは、猫の頬から分泌されるフェイシャルフェロモンをその場所に残す行動で、このフェロモンを模したものが猫用フェロモン製品です。猫の好んで過ごす場所にこのフェロモン製品をつけておくだけで、猫の不安を和らげる手助けをできることがあります。キャリーバッグなど狙った場所に噴霧できるスプレータイプと、コンセントに差し込んで空気中に漂わせる液体タイプがあります。

先住猫との対面には時間をかける

1. まずは別々で過ごさせる

別部屋か3段ゲージなどで住環境を分け、お互いの姿が見えない状態にする。新入り猫には、試しに一週間ほど猫用フェロモン製品を使いつつ、落ち着くか様子を見る。

2. 対面の前ににおいの交換をさせる

同居開始から一週間くらいしたら、湿ったタオルで猫をこすってにおいをつけ、お互いのにおいを嗅がせて反応を見る。猫が嫌がるようならもう一週間ほど経ってから再度試す。

3. 先住猫から行動させる

先住猫が新入り猫に興味をもち始めたら、先住猫を自由にし、お互いの姿が見える位置で両方におやつを与える。このとき新入り猫の部屋には先住猫が入れないようにする。

4. 新入り猫も行動させる

3. に慣れてきたら、今度は新入り猫も自由にさせて、お互いの姿が見える状態で両方におやつを与える。最初は5〜10分から始めて徐々に時間を伸ばしていく。

06 自分で外の猫を保護する場合 保護の対象か確認しよう

外にいる猫を自分で保護する場合、耳がカットされている地域猫ではないか、首輪をしている飼い猫ではないかなど、保護していい猫か確認してから保護活動に入りましょう。また、世話をしている人がいないか地域で聞き込みをして、しばらく状況を見て判断しましょう。

外にいる猫はすべて野良猫？

野良猫

飼い主がおらず、地域猫として人からの管理もされていない、外で暮らす猫。人の社会の中で自力で生きている。

家猫

飼い主がいて、基本は家の中で飼われている猫。以前は自由に外に出している飼い主もいたが、今は完全室内飼育が推奨され、減ってきている。

保護したい猫は
緊急性があるかどうか

　外にいる猫を保護しようと思ったら、まずは飼い主はいないのか、誰か世話している人はいないのか、その猫の状況を確認する必要があります。半分外飼いされている猫の場合は、首輪をしていることが多いので、見た目でほぼ判断できます。地域で世話されている猫がどうかは、世話する人が現れないかしばらくようすを見たり、近所の人に聞いたり、インターネットで検索してその辺りで地域猫活動をしている団体や個人がいないかを探し

たりして、確認します。世話している人が見つかったら、保護してもいいかどうか相談してみましょう。特に人慣れしていない猫の場合、保護をするのは大変難しいです。キャリーバッグや食べ物を用意し、時間をかけて慣れてもらい、気長に待つしかありません。

　ただ、重大なケガをしていたり、病気で苦しそうだったりと緊急性があるようなら、一刻も早く保護をして動物病院で受診させてあげたいものです。その場合は、事前に病院へ電話して保護した野良猫を連れて行ってよいか、医療費はどれぐらいかなどを相談、確認しましょう。

POINT エサやりと TNR という活動

TNR とは、捕獲する Trap（トラップ）、新たな子猫を生まないように不妊・去勢手術する Neuter（ニューター）、猫がいた場所に戻す Return（リターン）の 3 つの頭文字を取った、ボランティア活動を指します。野良猫がどんどん増えてしまうのは、エサやりをする人がいるせいではなく、不妊手術をしておらず、管理する飼い主がいない中で妊娠と出産を繰り返すためです。

野良猫に関する苦情と、猫の殺処分を減らすための地域猫活動の中で、すべての猫を保護することができない現状では、解決策の一つとして TNR が行われています。

ただし、地域猫の問題は TNR をすれば解決というわけではなく、ごはんを与えたら片付ける、トイレを設置して糞尿の始末をするなど、最後まで責任を持って世話をすることが大切です。

地域猫（オス）

去勢手術が済んだ印として、右の耳が V 字にカットされるのが通例（上の POINT 参照）。カットされた耳の形から、「さくら猫」と呼ばれることもある。

地域猫（メス）

不妊手術が済んだ印として、左の耳が V 字にカットされるのが通例（上の POINT 参照）。カットされた耳の形から、「さくら猫」と呼ばれることもある。

地域猫を保護しても いいの？

地域猫は、その地域で暮らす人たちから愛情をもって見守られている猫です。しかし、雨の日や雪の日、お腹が空いているとき、ケガや病気でつらいときにも、ひとりで耐えて乗り越えるしかありません。そう考えると、どこかの家族の一員となって、かけがえのない愛情を常にもらって終生過ごすことも、幸せのひとつだと考えられるのではないでしょうか。ただ、保護する際には、ずっと世話してきた人たちに一言相談することを忘れない

ようにしましょう。

一方、生まれてからずっと外で暮らしてきたために、室内で暮らすことが逆に強いストレスになる猫もいます。TNR がされ、地域の人にちゃんと世話され、安心して過ごせる寝場所があり、猫の仲間がいて、地域猫として幸せに暮らしている猫もいるので、一概に保護して家に連れ帰ることが幸せとは言い切れません。まずは、その地域猫がどんな暮らしをしていて、地域の人にどのように愛されているのか聞き込みをしたり、世話している人がいれば話を聞いたり、常にようすを見に行ったりして、よく検討しましょう。

07 自分で保護をする方法の一例

保護しようと思った野良猫が保護対象とわかったら、自分で捕獲して安全に連れ帰る必要があります。自分で捕獲することが難しければ、そのエリアで活動している保護団体や地域猫活動団体を調べて、相談してみるという方法もあります。

手で保護する

人に慣れていて危険性がなければ、手で保護する

人間は手袋や長袖などで体を覆う。洗濯ネットを裏返して持ち、ネットごしに猫の首をつかむ。そのまま空いている手でネットを裏返して、頭のほうからかぶせるようにし、猫を包み込んで、最後にファスナーを閉める。その後、キャリーケースに入れて運ぶ。

キャリーバッグに誘導する

一定期間食べ物で慣れさせ、いずれ誘導する

キャリーバッグを地面に置き、中に食べ物を置いて猫を誘導する。キャリーバッグの側面に扉があり、猫が自分で歩いて入れるようなタイプを利用する。プラスチックなど固めのもののほうが、暴れたときに扉が閉めやすい。

捕獲機で保護する

一定期間置いておき、食べ物を入れて中に入るのを待つ

捕獲機には踏み板式と吊り下げ式があり、猫を保護するなら、猫が中にある板を踏むと扉が閉まる踏み板式が一般的。捕獲したら、捕獲機の外からすっぽりと布や紙で覆う。移動中は捕獲機の下にペットシーツを敷くとよい。

POINT 緊急性が高い猫はすぐに保護を

　体調不良やケガなどの猫を保護する場合は、すぐに捕獲して動物病院へ電話をしましょう。病院によっては、野良猫は受け付けてくれなかったり、医療費が高くなったりするところもあります。事前に電話をし、猫の状態を伝えて相談してから、病院に向かいましょう。また、一度保護したからには、最期まで世話をする覚悟を持つこと。どうしても自分で世話できないなら、責任を持って世話してくれる人を探しましょう。

保護までの流れ

保護しようと思った猫が、外に自由に出ている飼い猫や、地域猫活動の人が慣らしている途中の猫の可能性もある。安易に保護せず、情報収集から始めよう。

1 保護してよい猫か確認をする

周辺の店や近所の人に聞き込みをして、誰かの管理下の猫ではないかを確認をする。可能なら、そのエリアで地域猫活動をしている団体やボランティアの人にアクセスして聞こう。

2 保護をする

キャリーバッグや捕獲機などを使って保護する。保護できるまでの難易度は、猫によってさまざま。恐怖で攻撃的になっている猫に気をつけよう。

3 病院に電話で相談する

捕獲が落ち着いたら、アクセスのしやすい動物病院に、野良猫の対応状況や料金などの確認をして、連れて行く。攻撃的になっていて連れて行くのが難しい場合は、落ち着くまで待つ。

人に慣れていない猫の捕獲は
長期戦を覚悟しよう

　自分で野良猫を保護する場合、まずその子が保護してもいい猫かどうかを確認する必要があります。猫が住み着いている地域周辺の人に声をかけて、誰かがごはんをあげているかどうかを確認したり、しばらく通ってみて人が関わっているかを聞き込みするとよいでしょう。一見野良猫に見えても、保護団体や地域猫活動の人がエサやりをして人に慣らしている時期という可能性もあります。割り込んで捕獲しようとして警戒心を抱かせてしまうと、その人たちのそれまでの努力を無駄に

してしまいます。

　誰にも世話されていない猫、あるいは地域猫活動や保護団体など世話している人に相談した結果、保護しても大丈夫な猫だとわかったら、基本的には自分で捕獲をします。人に慣れていて抱き上げられるほど懐いているようなら、キャリーバッグや洗濯ネット、食べ物を用意して保護をします。人に慣れていないようなら、長期戦を覚悟して、焦らずにエサやりから慣らしましょう。猫が自らキャリーバッグに入るよう誘導するのが理想ですが、難しければ捕獲機を用意します。捕獲機は保護団体や地域猫活動団体が貸してくれることもあるので、相談してみましょう。

08 弱っている猫を保護した場合

ケガをしていたり病気などで弱っていたりと、すぐにでも保護する必要がありそうな猫を見つけて自分で保護するときは、動物病院に連れていく前に電話で相談しましょう。受診の前後に、自分でできる対処法も知っておきましょう。

体が冷えていたら温める

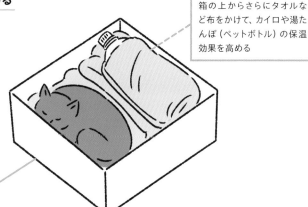

箱の上からさらにタオルなど布をかけて、カイロや湯たんぽ（ペットボトル）の保温効果を高める

箱の底にカイロを入れてその上にタオルを敷くか、カイロがなければお湯を入れたペットボトルにタオルを巻いて箱に入れる

動物病院へ連れて行き猫の状態を正しく把握する

保護した猫が明らかに冷えているか暑さでつらそうな場合は、緊急で対処する必要があります。特に、暑さで口を開けて呼吸していたり、ヨダレを垂らしていたりと、炎天下ですぐに熱中症だとわかるようなら、保冷剤で首や脇を冷やす、濡れたタオルで体をくるむなどの応急処置を行って、動物病院へ電話をしましょう。ただし、温めすぎ、冷やしすぎにも注意が必要です。

応急処置を行ったら、健康状態を自己判断せず、獣医師に診てもらいましょう。その際に、その後どのようにケアをしたらいいかなど、わからないことを聞いておけば、その後の看病にも役立ちます。

シリンジを使って流動食や水などを飲ませる場合は、誤って気道に入ってしまう誤嚥に注意が必要です。与えるときに猫を仰向けにしないこと、1回1ml程度を少しずつ与えることなどがポイントです。元気になったら目ヤニや汚れなどをきれいにするケアをしてあげましょう。

体重200g（スマートフォンの平均の重さが200g）程度しかなく、目も開いていない子猫なら、生まれて間もないか、生後1週間ぐらいまでだと考えられます。その場合は、まだ固形のものを食べられず、排泄も自分でできません。基本的な健康管理に加えて、授乳と排泄など子猫の世話も行う必要があります（P.104参照）。

POINT 猫が汚れていても、弱っていたら洗わない

　保護した猫がかなり汚れていても、元気がない状態で洗うのは危険です。元気になった
ら洗ってあげましょう。体が冷えていてもドライヤーを当てるのは NG です。また、急激
に温めると、ヒートショックという心臓に強い負担をかける症状が起こる可能性がありま
す。左ページで解説しているように、ゆっくりと優しく温めてあげましょう。

食べ物を受け付けない場合

強制給餌をする

食べる元気もないようなら、口の中に入れる手助け
をする。猫用の流動食を用意し、誤嚥に注意しなが
ら、シリンジを使って口の横から少しずつ入れていく
（P.119 も参照）。飲み込めないようすならすぐにや
める。

ブドウ糖を与える

ガムシロップ、スポーツドリンクで代用可

流動食も食べられない状態で、意識があるようなら、
ブドウ糖やガムシロップをぬるま湯で溶いた砂糖水
や、スポーツドリンク、経口補水液などで水分補給
をさせる。シリンジやスポイトを使って微量を口に入
れる。子猫なら1回につき1ml程度。

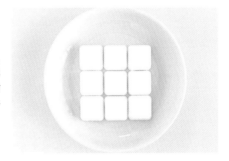

POINT 暑さでバテていたら冷やす

　保冷剤をタオルで巻いて肌に直接当たらないようにし、首や脇など大きな血管が通って
いる場所を冷やしてあげましょう。保冷剤がなければ、濡れたタオルを猫に巻き、うちわ
などであおいで、風によって体を冷やしましょう。

09 子猫を保護した場合

保護した猫が子猫の場合、生まれてからどれぐらい経っているのかを見極めて、時期にあったケアをすることが必要になります。乳歯が生え揃っていれば生後1カ月以上、体重1kgほどで片手で軽々と持てるなら生後2カ月程度など、判断基準を知りましょう。

状態を記録をしよう

動物病院で猫の健康状態を説明できるように、体重や排泄物の状態、異常があれば症状などをメモしておこう。

子猫を保護したら温かい場所で安心させる

保護の必要そうな子猫を見つけたら、すぐに手を出さずに、まずは周囲に母猫がいるか見守りましょう。人が近くにいると母猫が子猫に近づけないことがあるので、少し離れたところでようすを確認します。母猫の姿が見つからなかったり、道路が近い、雨で濡れてしまっているなど危険な状態だったりなど、保護をしたほうがいいと判断したら、子猫に近づいて状態を確認します。

子猫のようすに違和感があり不安なら、動物病院へ電話で相談してみましょう。緊急性が低く健康そうであれば、連れて帰って体重を計測し、年齢を予想して猫用ミルクの必要を調べましょう。体重1kg以下なら温めてあげる必要があるので、P.100のイラストを参考に、箱を用意して温める工夫をします。生後1カ月以上と判断してケージに入れる場合も、暖かい場所に設置し、布を被せるなどすると落ち着くでしょう。もし保護した段階で汚れていても、すぐに洗わず、健康状態の確認をして、少しようすを見てからにしましょう。

生まれてからどのくらいか予想する

保護した猫がどの時期にあたるか、確認しよう。だいたいの週齢・月齢は、体重や成長過程の特徴から想像することができる。

体重 100 〜 200g　…　生後すぐ〜 6 日程度

鳴くことはできるが、目はまだ開いておらず、耳も小さい。常に温めてあげる必要があり、猫用ミルクを与えて、排泄物を促すなどの世話が必要。小さいトゲのような爪が出しっぱなしになっている。

体重 200 〜 300g　…　生後 7 〜 13 日

目が開き始めるが、はっきり見えているわけではない。前脚がしっかりとし始めて、上体だけは支えられるようになる。耳も立ってきて、猫らしくなってくる。

体重 300 〜 400g　…　生後 14 〜 20 日

ヨチヨチと動き回り始める。完全に目が開いているが、目が青っぽい。動くものは目で追えるようになっている。後ろ脚もしっかりして、四つ脚で動くようになる。

体重 400 〜 500g　…　生後 21 〜 27 日

爪が引っ込められ、走れるようになる。乳歯が生え始め、離乳食へ移行する。自力で排泄できるようになるので、トイレトレーニングもこの時期から開始できる。混合ワクチンの 1 回目を受けてもよい時期。

体重 500g 〜 1kg　…　生後 1 カ月

まだ目が青い状態。遊びが活発になるため、箱からケージに住環境を変える。乳歯が生え揃い、離乳食をやめてフードを与えてよい時期。このあたりから、寄生虫検査など病院で健診を受ける。

10 子猫の授乳と排泄の世話の仕方

生後1カ月以下で離乳前の子猫を保護した場合、親代わりとなる飼い主が授乳をしてあげる必要があります。また、3週齢ごろまでは自力で排泄もできないので、排泄を促すケアが必要です。やり方やタイミングを知っておきましょう。

数時間おきにミルクタイム

子猫の体重が200g以下で1週齢以下と推定されるなら、1日に6～8回程度、2～3時間おきに授乳する。

生後1週間なら
2～3時間おきにミルクタイム

1週齢未満の猫の赤ちゃんは、鳴いて母猫を呼び、ミルクを飲むことしかできません。もし、生まれたて～生後20日（体重400～500g以下）くらいの子猫を保護した場合は、母猫の代わりとなって世話をする必要があります。

生後7日くらいまでの子猫は、1日20時間ほど眠りますが、2～3時間おきに猫用ミルクを与える必要があります。排泄も自分で

はできないので、ミルクを与えるタイミングで、右ページを参考に、おしりの辺りを優しく刺激して促してあげましょう。生後7日を過ぎると、ミルクを与える間隔が延びて3～4時間おきに変わります。生後20日、体重500gぐらいになると離乳し始め、世話の内容が大きく変わってきます。離乳食へシフトし始め、自分で排泄ができるようになるので、トイレトレーニングも始められます。生後1カ月、体重1kgにもなっていれば、ケージに慣らすためにケージで過ごさせ始めたり、ドライフードを与えたりもできます。

子猫を上に向けすぎないようにしながら、子猫の食道から哺乳瓶がなるべく一直線になるように角度を調整する。

ミルクの与え方

ゆっくりと与える

哺乳瓶の口が大きいなどサイズが合わないと飲めないので、カットしたりシリンジを使うなど工夫をする。生後2週齢くらいまでだと吸う力が弱いので、シリンジのほうがよいこともある。

排泄を促すには

ティッシュで刺激をする

やわらかいティッシュなどでおしりをトントンと優しくリズミカルに刺激すると、オシッコが出る。

おしり全体を刺激することで、オシッコやウンチを促す。オシッコはやや黄色いくらいが普通。ウンチは1日2回程度が一般的。

POINT 子猫がミルクを飲まない場合

子猫がミルクを飲まない場合は、いくつかの原因が考えられます。子猫は体が冷えているとあまりミルクを飲もうとしないので、その場合はタオルでくるんで体を温めてから与えてみましょう。また、生後間もないと特に、哺乳瓶の口の部分が大きすぎて合わず、飲めないこともあります。その場合は、シリンジを使うか、それでも大きければスポイトを使うなど工夫をしましょう。口にするミルクの温度が冷えているのもNG。人肌より少し温かい程度にしてから与えることで、飲むようになることもあります。ちなみに、市販の牛乳は乳糖が多いため、必ず猫用ミルクを与えましょう。

COLUMN
犬と猫、両方と一緒に
暮らすには？

先住犬がいて保護猫を迎えたい、あるいは先住猫がいて保護犬を迎えたいという人もいるでしょう。犬と猫両方と一緒に暮らしたい場合、落ち着いた成犬のいる家に、周囲の環境を受け入れやすい社会化期の子猫を迎えるのが、お互いもっとも慣れやすい組み合わせです。生後2〜9週齢、遅くても16週齢ぐらいまでの子猫を迎えるのがおすすめです。ただし、先住犬が散歩中に猫を見ると、過度に興奮したり獲物として追いかけたりするようだと、猫と同居しても慣れさせるのは難しいかもしれません。また、先住猫がいる場合、その子の警戒心が強いようなら、生活空間に新たに違う動物を迎えることはストレスになります。先住猫の気質が犬との同居に向いているかをよく考えましょう。いずれにしろ、正式に迎える前にトライアル期間を設けてもらい、相性をよく確認してからにしましょう。

・成犬のいる家に子猫を迎えるのが、もっとも慣れやすい
・先住犬、先住猫の気質をよく見る
・正式譲渡の前に、トライアルで相性をチェックする

CHAPTER
06

猫を迎える
＆猫との暮らし編

01 猫との暮らしの基本の5カ条

猫にとって快適な空間をイメージするためには、2013年に獣医師や動物行動学の専門家が定めた、5カ条の指針があります。猫にとって快適な暮らしを用意したり、維持したりするのに、いつもこれら5つを指針にしていくとよいでしょう。

1 猫が安心できる場所を用意する（P.110へ）

家の中に猫が登れる高い場所や隠れられる場所を用意すること、複数頭飼育しているならそれぞれが自分の場所をもてること、キャリーバッグを恐れないように慣らしておくことがベストな状態。キャリーバッグを恐れない状態にするのは、不安なとき隠れることができるのはもちろんだが、通院や災害時にストレスを与えないようにするためでもある。

2 家の中のにおいに配慮する（P.110へ）

人がつける過度な香水やルームスプレーなどは生活に取り込まないことが、猫にとっては望ましい。外のにおいはなるべく持ち込まないように、訪問先のペットのにおいがついた服は帰宅したら脱ぐなどの配慮をする。猫が日常的に体などを擦り付けてにおいをつけている場所や、爪研ぎでにおいを残している場所は、しっかり掃除をしすぎず、においを残してあげよう。

3 飼育に必要な道具を揃える（P.112 へ）

ケージ (できれば3段のもの)、キャリーバッグ、トイレ、食器や水のボウルなどは、猫の頭数+1あると便利。その他、フードやオヤツ、タオル、猫が遊ぶためのオモチャ、子猫なら猫用ミルクと哺乳瓶かシリンジかスポイトなど、必要なものを用意しよう。住まいによっては、飼育に使う道具を配置するために部屋のレイアウトを考えて模様替えをすることも必要。

4 猫と遊ぶ機会を増やす（P.116 へ）

完全室内飼育の猫の場合は特に、飼い主と遊ぶ時間がストレス解消になり、飼い主とのコミュニケーションの時間にもなる。フードやオモチャを使って、狩りのマネをして遊ばせよう。オモチャからフードがでてくるようなものも、猫にとってはワクワクする。オモチャ選びも、猫の狩猟本能が刺激されるようなものを選ぼう。

5 猫のペースを尊重した友好的な信頼関係を築く（P.120 へ）

無理にかまったり、人間が触りたいときに触ったりするのではなく、猫のペースを優先して、猫が好む方法で触ること。触られたくない場所がわかったら、そこを触らないようにするも大切。また、大声を出したり叱責したりと猫にとって恐怖になることはしないようにしよう。基本的につかず離れずくらいの距離感で過ごすとよいだろう。

02 猫が安心できる場所を作り、においにも配慮をする

広範囲を見下ろせる高いところや隠れられるところが、猫にとってほっとできる場所。
そういう場所が家の中にないようなら、ソファの位置を少しずらしたり、高いところに
棚を設置したりと、工夫して作ってあげましょう。

好きなときに隠れることができる

隠れることで自分の身を守れる

猫は群れで暮らさずに単独で過ごし、獲物をじっ
と観察して狩猟する。そのため、ベッドの下や棚
の隙間、あらゆるところに身を潜められる場所が
あると安心する。

高いところに登れる場所がある

高い場所がなければキャットタワーを用意

猫は本能的に、高いところから下を見渡せること
に安心する。冷蔵庫や本棚などの上に上がれるよ
うにしたり、そういう場所がなければ、キャット
タワーを設置してあげたりすることで、安心でき
る居場所が増える。

においに配慮する

強いにおいのある空間はストレス

猫は人よりも鼻が効き、嗅ぎ分ける能力は人より
も優れている。そのため、人にとってささいな香
りでも猫には強い香り、人にとって強い香りは刺
激臭になりかねない。猫が安心できる空間ができ
ても、強いにおいがあれば快適ではない。強い芳
香剤を置いたり、ルームスプレーは使ったりする
ことはやめよう。

POINT　気に入ってほしい場所にフェロモン製品を使う

　P.95 で紹介している猫用フェロモン製品は、猫をリラックスできる手助けになるのものですが、猫に落ち着いてほしい、気に入ってほしい場所に使うと猫が落ち着いたり、お気に入りの場所になってくれることが期待されると言われています。

複数頭飼育の場合は関係を監督する

ほかの猫との相性を確認する

猫同士が同じ場所で眠っていても体をくっつけていない場合は、距離感のある関係性。強い猫が弱い猫をささいなことでいじめていることがあるので、飼い主が弱い猫をフォローしてあげよう。

猫が安心できる場所がなければ作ってあげよう

　猫の祖先は森の木の上で過ごすことが多かったため、猫は高いところへ登るのが大の得意です。レンジ台などの危険な場所や、ダイニングテーブルやキッチンカウンターなど飼い主が登ってほしくない場所にも登ってしまわないためにも、安全で居心地のいい場所を用意しましょう。キャットタワーなどは、窓辺など日向ぼっこのできる場所に置くのもおすすめです。

複数頭飼育の場合は特に工夫して安心できる場所を作る

　犬に比べて群れずに生きる猫は、社会性の乏しい動物です。ほかの猫との相性も、飼い主がよく観察し把握して管理することも大切です。犬は飼い主との時間を第一に優先することが多いですが、猫にとっては安心できる場所でひとりで過ごすことも重要です。

　気の強い猫が弱い猫をいじめているときに、飼い主が強い猫をいさめると、強い猫がストレスを感じてますます弱い猫をいじめることがあります。代わりに優しい声かけをすることも、弱い猫をいじめると飼い主が気にかけてくれると勘違いして、ますますいじめることも。こういったいさかいを防ぐには、オモチャを頭数分以上用意したり、隠れられる場所や移動できる動線を複数用意したりするとともに、それらの配置や家具のレイアウトを工夫することが必要になります。

03 飼育に必要な道具を揃える

猫を迎えるにあたって、必要な道具と消耗品を揃えましょう。特にケージとキャリーバッグは、慣れておくと後々の猫との暮らしに役立つ道具です。少し場所をとりますが、導入することをおすすめします。

ケージ（檻）

保護猫を迎えるにあたって、ケージは必須の道具。子猫の場合は迎えてから3〜7日間、成猫は1〜3日間はケージの中だけで過ごさせてから、少しずつ外に出す時間を増やして環境に慣らそう。扉を開け放てるようになっても常設しておいたほうがよい。

2段ケージ

下段にトイレ、上段で休むことができる。高さがないので人にとっては圧迫感がない。コンパクトなので狭めの住環境にも設置しやすい。

3段ケージ

上の段で遊んだり休んだりすることができる。居住スペースが広いのと高さがあるので、猫にとっては快適に過ごせる。トイレを下段に隠せるものもある。

環境に早く慣れさせるために道具は迎える前に準備しよう

猫を家に迎えてから新しい道具を導入すると、せっかく慣れ始めていてもまた警戒心を抱いてしまうこともあります。特にケージやトイレ、食器、ベッド、キャットタワーなど住環境にかかわるものは、保護団体からのトライアル期間の前に用意しておき、正式譲渡になったらそのまま使うほうがよいでしょう。ただ、先住猫との相性など、トライアルから無事に正式譲渡してもらえるかわからず、道具を準備することに不安がある場合は、保護団体に相談してみましょう。

トイレを用意しておけば初日からトレーニングができる

猫はきれい好きなので、トイレトレーニングは比較的簡単で、排泄したそうなようすが見えたらトイレに誘導するだけ。そこがトイレとわかれば、自発的にその場所でするようになります。排泄は毎日のことなので、事前にトイレを用意しておくことで、迎えた日からトレーニングができます。せっかく買ったトイレに排泄してくれない場合は、トイレが小さい、汚れているなど何か不快感があるはず。覚えたのに別の場所で粗相をするのは、マーキングやストレスの可能性があります。

トイレ・トイレ砂

トイレは猫の大きさより1.5倍大きいものを選ぶ。子猫でもあっという間に大きくなるので、大きめのものがよい。

トイレ

猫用トイレには、カバー付きのものや引き出し式など、いろいろなタイプがある。掃除がしやすいものがおすすめ。浅いものは猫によっては砂をかけるときに飛び出ることもある。

トイレ砂

猫によって好みがある。砂の種類は下のPOINTを参照。

POINT トイレ砂の種類

猫用トイレの砂にも種類がいくつかあります。おおまかに分けると右の4種類。固まるタイプや消臭タイプなどいろいろ試してみて、猫にとっても飼い主にとってもよいと思ったものを使いましょう。

紙タイプ

鉱物タイプ

おからタイプ

木製タイプ

フード

離乳前の子猫のときは猫用ミルクや離乳食、離乳したらドライフードかウェットフード、高齢になったらシニア用のフードも販売されている。食欲がないときのために、かつおぶしなども用意しておくと便利。

成猫のフード

ドライフードは日持ちがし、ゴミが出づらいのが利点。ウェットフード（缶詰やパウチ）は香りが強く、猫の食欲を刺激するが、1食ごとにパッケージされているのでゴミが出る。普段はドライフードで、食欲が落ちているときにウェットフードにするなどの使い分けをするとよい。

子猫のミルクやフード

400g以下の子猫には猫用ミルクを与える。与えるのに必要なのはシリンジやスポイト、哺乳瓶。離乳食は、手に入らなければ成猫のウェットフードをすりつぶして細かくしてもOK。

フードや水の器

フードを入れる器と水飲みの器。
最近は自動の給餌器や給水器もあ
るが、停電の際は使えなくなるの
で補助として使うのがおすすめ。

キャリーバッグ

プラスチックなど固いものがお
すすめ。猫が側面から入れて、
上から出しやすいものが使いや
すい。普段から扉を開けて部屋
に置いておき、猫がバッグに慣
れるようにしておく。

爪研ぎ用具

ダンボール素材のものや、麻紐を円筒に巻
いたものなどがある。爪を研ぐことで、気
分の切り替えやストレス解消に役立つの
で、必ずひとつは用意する。壁や家具で爪
を研がないように、爪研ぎ用具で爪を研い
だらごほうびを与えるとよい。

オモチャ

狩猟本能を満たせるものを用意しよう。猫
だけで遊ぶものと、人が介入して遊ぶもの
がある（P.117参照）。オモチャに慣れない
ようなら無理強いはせず、ドライフードを
指で弾いて追わせる遊びから始める。

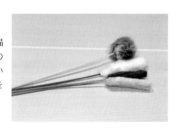

POINT お手入れのグッズ

　長毛種の猫は毛が絡まって毛玉になることもあるので、コー
ム（クシ）やブラシでお手入れしてあげましょう。ブラシは扱
い方によってはブラシ嫌いになることがあるので、動物病院
やトリミングショップで教えてもらうと安心です。短毛種でも
ラバーブラシを使うと、抜け毛がとれます。お手入れのグッズ
を使うときは、慣らすために最初はペースト状のオヤツをあ
げながら体にグッズを当てるなどという工夫をしましょう。

長毛種に使えるスリッカーブラシは皮膚に
あたると痛いので注意が必要

ベッド

猫1頭に対して1つはベッドを用意してあげよう。ただし、猫は隙間や隠れられるところを好むので、必ずしも用意したベッドで寝るとは限らない。

キャットタワー

猫は高いところに登ることが大好き。自宅の壁にキャットウォークやキャットステップを取り付けることが難しければ、キャットタワーを設置してあげよう。

脱走防止の柵

猫と暮らすうえで最も気をつけたいのが脱走。窓や玄関のドアから出てしまうことがある。特に居間など猫の居場所となる場所と玄関にしきりがない間取りの場合は、玄関に背の高いゲートを設置すると安心。

POINT 留守中に役立つ見守りカメラ

　日中の仕事や学校に加えて、その後に用事があったりすると、家を空ける時間が長くなることもあります。最近の見守りカメラにはさまざまな機能がついていて、ペットの安全を確認したり、話しかけたり、遠隔操作で遊んだりする機能のついたものもあります。家を留守にすることが多い飼い主は導入するとよいでしょう。

　録画機能がついているものは、防犯にも役立ちます。使用にはWi-Fiの電波が飛んでいる必要があります。

ペット用のカメラ。ライブ動画だけではなく、双方向の会話ができる。右のカメラは猫じゃらしがついていて遊ばせることもできる

04 猫との遊びには
オモチャを使おう

猫は自分で勝手に遊ぶことも多いですが、飼い主が遊んであげることで信頼関係が生まれます。何より、飼い主の腕前次第で、猫も遊びを楽しく感じるはずです。遊びが楽しくなれば、犬のようにオモチャをくわえて持ってくる猫もいます。

捕まえたくなる動きと音で、猫の狩猟本能を刺激する

猫が喜ぶ遊びは、捕まえたくなるワクワクドキドキする動きを追うこと。飼い主のオモチャの動かし方が一定だったり、生き物らしくなかったりすると、猫は初めは誘いに乗っても、つまらなく感じて遊ばなくなる

飼い主の腕次第で
猫の本気度がアップする

猫のオモチャにはいろいろな種類がありますが、猫が一番楽しんで遊び続けられるのは、やはり飼い主が遊び相手をしてあげるタイプのものです。飼い主がうまく遊んであげれば、既製品の猫じゃらしでも畳んだスーパーの袋でも、猫は意外と何でも喜びます。

肝心なのは、猫が獲物だと思い込むような「動き」と「音」です。ただ猫じゃらしを左右に振るだけでは、猫は想像力が刺激されず、すぐに遊ばなくなります。例えば、虫や小動物など生き物をイメージした動かし方にするだけで、たちまち猫の瞳孔は開き、口元に緊張感が生まれ、ヒゲが前方に向き、姿勢が低くなって、狩猟モードになるでしょう。

このとき注意したいのは、猫が爪を出して人の手を引っかけないようにすること。人の手ではなく、オモチャが獲物の対象になるように遊ばせましょう。人の手を傷づけてはいけないと理解している猫は、人の手に爪がか

POINT ひとり遊びができる知育玩具を使う

知育玩具とは、1つ考えるステップがあるオモチャのこと。追いかければ手に入れられるシンプルな構造ではなく、何かをすると次にアクションがあり、その後にごほうびが得られる（達成ができる）ものです。猫用の知育玩具も販売されているので、留守番のときなどに使うのもいいでしょう。ただし、誤飲には注意しましょう。

犬猫用の知育玩具。食べ物を隠し、においで宝探しをして、前脚や口を使って取り出して遊ぶ。

さまざまなオモチャ

誤飲しないタイプを選ぶ

猫が喜ぶオモチャは、その子によってさまざま。気をつけたいのは、誤飲しないかどうか。飲み込んでしまわないか、形状や大きさ、パーツが取れないかなどを確認しよう。短いヒモ状のものは飲み込むと危険なので避けること。

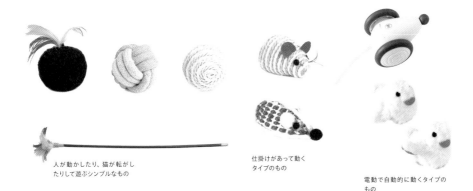

人が動かしたり、猫が転がしたりして遊ぶシンプルなもの

仕掛けがあって動くタイプのもの

電動で自動的に動くタイプのもの

からないよう配慮するようになります。また、じゃれているうちに甘噛みをすることもあります。これも爪と同様に、噛ませないようにすることに加えて、噛まれたら遊びをやめることで、噛むと楽しい遊びが終わってしまうのだと教えることが大切です。

遊びのようすが本気の攻撃行動になっていたら

成猫は基本的に、遊びを人と共有しているわけВではありません。飼い主が投げたオモチャを獲物だと思って遊びが始まるのであって、飼い主と遊んでいるという認識はありません。もし、猫の遊び方のようすやボディランゲージが逸脱して本気の攻撃のように思えたら、少し注意が必要です。その場合は、そのようすを録画してかかりつけ医に見せ、必要であれば、獣医行動診療科認定医を紹介してもらいましょう。

05 猫への薬の与え方と強制給餌の方法

保護犬の場合は、保護団体や一時預かり家庭である程度体調を整えてからの引き渡しが多いですが、猫の場合は自分で野良猫を保護することもあります。体調が悪い猫を自宅で看病する場合に知っておきたい、薬の与え方と強制給餌の方法を紹介します。

オヤツを使って投薬する方法

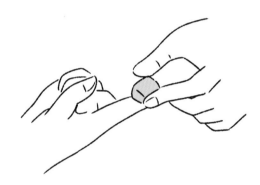

少し柔らかいオヤツに混ぜて与える

粘土くらいの柔らかく造形しやすいオヤツを使って、薬を丸め込んで与える。カットできるタイプの錠剤なら、2つに切って小さくして飲み込みやすくするのも手。

ウェットやペーストフードに混ぜる

通常の缶詰やペーストのフードに薬を入れるだけ。これで食べてくれればストレスがなくベストな方法。錠剤が大きい場合はカットして小さくして入れ込むのも有効。

道具や手を使って与える方法

口を開けて薬を放り込む

上の方法で飲ませられなければ、口を開かせて薬を入れ、飲み込ませよう。優しく口を開けさせ、舌の奥のほうに薬を放り込んで、すぐに口を閉じさせる。ただし、口に触られることに慣れさせておく必要がある。

液体に混ぜてシリンジで与える

薬が液状なら、シリンジで口の脇から与える。ただし、薬に苦味があると、2回目からは猫が嫌がることも。その場合、与えた後にミルクか白湯を与えるとよい。

POINT シリンジの扱い方

シリンジは、投薬に使う前に猫が警戒をするか確認しましょう。まず、シリンジを口のそばにつけて、嫌がるようすがなければオヤツを与えます。慣れてきたら、薬の代わりにペースト状かスープ状のものを入れて与え、シリンジからはおいしいものが食べられるという認識にします。ただし、猫の意識がないときは、シリンジで液体を与えないこと。誤嚥して気管に液体が入るなど、事故につながります。特に子猫には注意して使いましょう。

シリンジは、ドラッグストアや100円ショップ、ホームセンターなどで購入できる

シリンジを使う強制給餌

1 猫の顔を上に向かせる
利き手でシリンジを持ち、反対の手で猫の頭の上を押さえる。猫の口の脇に親指を添えて、唇を持ち上げる。

2 口の脇から微量を流し入れる
口の脇からシリンジの先を入れて、微量を流し入れる。正面から流し込むと誤嚥をする危険があるので、必ず口の脇から入れる。

投薬は猫になるべく
警戒心やストレスを与えず行う

保護猫の中には持病がある猫もいて、投薬や食事療法が必要な場合もあります。持病がなかったとしても、投薬は体調不良のときや風邪を引いたときなどに必要になるので、方法を確認し、日ごろからオヤツを使って練習しておくと安心です。薬には、錠剤やカプセル、粉薬、液剤などがありますが、いずれも与えやすい方法で飲ませましょう。

ウェットフードや柔らかめのオヤツに混ぜて食べられれば、特に困ることはありませんが、食べても薬だけ吐き出したり、そもそも受け付けなかったりする猫もいます。その場合は、直接口の奥に入れたり、オヤツと混ぜてシリンジで流し込んだりする方法もあります。ただし、シリンジでの投薬や給餌には誤嚥の危険があり注意が必要なので、上のPOINTを参照して行ってください。子猫の場合、シリンジだと大きすぎることがあるので、そのときはスポイトで代用しましょう。

06 信頼関係を築くには 猫のペースを尊重しよう

保護猫には人への社会化ができていなかったり、無理に捕まえられて保護されたりして、警戒心を強く持っている子もいます。もともと人慣れしていたり怖い思いをしていなければ、2〜3日で慣れることもありますが、もっと長い期間を必要とする場合もあります。

保護猫はすぐに触れないこともある

無理に抱っこしない

猫は自分のペースで暮らしたい生き物。突然抱っこされることを恐怖に感じる猫もいる。抱っこをするなら、座ったときに猫が膝に乗ってくれるようになってから、少しずつ慣らす。

猫を追いかけない

猫と触れ合いたくて近寄ったときに、猫が逃げたら追わないこと。小さい子どもがいる場合は、そのことをしっかり教えてあげよう。

飼い主から猫に触らず 猫から触ってくれるのを待とう

　多くの猫は過度な愛情表現や、イチャイチャベタベタと触られることがありません。人から触るよりも、猫から触ってくるのを待つくらいの距離の取り方がよいでしょう。迎えたばかりで猫に触りたい気持ちもあると思いますが、そこはグッとこらえて待ちましょう。

　保護猫を迎えたら、猫のほうから甘えてきたり寄ってきたりするまでは特に、脅威を与えない動きや声の大きさを心がけて、優しく温かく見守りましょう。心を開いた後でも、猫にはとにかく怖い思いをさせないことが大事です。

　人間にとって不都合な猫の行動を「問題行動」と呼ぶこともありますが、それは猫にとって正常な行動であることがほとんどです。飼い主にとってしてほしくないことを猫がしたとき、つい大声で叫んだり、叱ったりしたりしたくなるかもしれません。しかし、そうすると猫は恐怖心を感じて萎縮してしまいます。問題行動を改善するには、かかりつけ医や動物行動学に詳しい獣医師に相談するといいでしょう。

POINT 触られる練習に孫の手を使う

　人から触られることに慣れておらず、攻撃的になる猫は、恐怖心から威嚇してきます。その場合は、孫の手を使って撫でる練習をしましょう。もし孫の手を怖がるようなら、先ににおいの強いオヤツを付けて、猫のほうから孫の手に近寄ってくるようにしましょう。また、体調の不良、ケガなどで攻撃的になっていることもあります。よく観察して変わったことがないかをチェックし、動物病院で検診を受けておくのも必要です。

人間が背中をかくときに使う、孫の手を活用しよう。ボールはついていなくてもよい

焦らず人に慣らすための4つのコツ

床に座り、猫を見ないでおく

猫は高いところから見下ろされることを警戒するので、床に座って視線を低くする。目を合わせることは攻撃の意思とされるので、目をそらしておこう。

においのあるオヤツで誘う

猫が喜ぶにおいの強いオヤツを与えて、近寄ってもらおう。その際、脅威を与えないよう視線を低くするために座ったままにしておく。

体を擦り付けてくるまで待つ

猫のほうから擦り寄ってくるのを待つ。人間のほうは猫に興味がなさそうにしておく。

肩の付近から撫でてみる

触られるのが嫌な場所もあるので、最初はアゴの下や耳の後ろのほう、肩や背中を触る。足は嫌がる猫がいるので避けよう。

07 病院へ連れて行くための キャリーバッグに慣らす

猫を病院に連れて行くためには、事前にキャリーバッグに慣らしておきたいものです。
保護猫を迎えたら、常にキャリーバッグを家の中に置いて、いつでも猫がアクセスできるようにしておくと、病院へ行くときのストレスを減らすことができます。

キャリーバッグに慣らす

普段から出しておく

キャリーバッグにはさまざまなタイプがあるが、布製など柔らかいタイプだと、猫を入れようとして暴れたときに入り口を閉めることが難しくなる。プラスチックなど固いタイプがおすすめ。側面からも入れて、上からもアクセスできるものがよい。慣れないうちや興奮しているときは猫を洗濯ネットに入れてからキャリーに入れると、落ち着く猫もいる。また、洗濯ネットでは引っ掻きや噛みつきの保護にもなる。

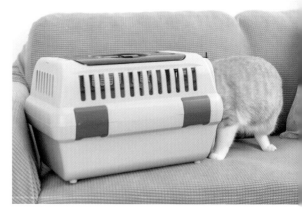

キャリーバッグの中にオヤツを入れておき、キャリーバッグの印象をよくしておくなどの工夫をする

家への順応に合わせて キャリーバッグにも慣れさせる

保護猫を迎えたら、混合ワクチン接種（子猫なら2回）、健康診断（年に1～2回）など、最初の1年だけでも3～5回は病院に通うことになります。去勢・不妊手術を行う場合は、さらに通院回数が増えます。そのため、キャリーバッグに慣らすことは、かなり優先順位高めの練習です。

病院の嫌いな猫を通院させることは、とても大変です。そうなると、飼い主にとっても通院がストレスになり、つい先延ばしにしてしまう人もいるでしょう。

猫を病院嫌いにしないためには、猫を迎えたら、新しい住まいに慣らすとともに、キャリーバッグにも同時に慣らすこと。それによって、その後の通院へのストレスがグンと減ります。上からも側面からもアクセスできるタイプのキャリーバッグを選び、普段は日常的に側面の扉を開けておいて、猫が自分から入れるようにします。バッグの中でオヤツやフードを与えて「キャリーバッグ＝嬉しいところ」と認識できるように学習させましょう。上からアクセスできるものは、病院で猫を取り出しやすいという利点もあります。

移動中も極力刺激を避ける

揺れが少ない乗り物を選ぶ

自転車やバイクなど揺れが多い乗り物は避けて、電車やバス、車、ペット可のタクシーなどを利用する。

待合室でもバッグの中で待機

椅子の上か、膝の上に置く

逸走予防に、病院の待合室ではキャリーバッグを開けずに待つ。動物が通ると猫も恐怖心が増すので、人や犬が通らない動線を探すようにしよう。猫用フェロモン製品（P.95 参照）をスプレーした布を上からかぶせると、落ち着くことがある。

POINT キャリーバッグと必需品

キャリーバッグを使うのは、猫を家の外で移動させるときです。以下のものを必携にしておけば、移動中の暑さや冷え、移動先で困ったことがあっても対応することができます。

布やタオル、猫が普段気に入っているオモチャなどににおいがついているもの、トイレシート数枚（予備含む）、ハーネス、リード、ティッシュペーパーやウェットティッシュ、ゴミ袋、水と水を与える用のスポイトなど。それに加えて、夏は凍らせた保冷剤、寒い時期には温かくしたカイロを、いずれもタオルなどに包んで肌に直接当たらないようにして入れてあげましょう。普段食べているフードと、コンパクトになる携帯用ボウル、オヤツも持って行きましょう。

08 保護猫に多い感染症 猫エイズと猫白血病

屋外で暮らしていたり、劣悪な環境で多頭飼いされていたりした経験の多い保護猫には、猫エイズや猫白血病陽性の子が少なくありません。病気について知ったうえで引き取り、できる限り一緒に幸せな暮らしを送るのも、また素晴らしいことです。

陽性の猫との暮らし方

感染して陽性になっていても発症していなければ、暮らし方は他の猫とそれほど変わらない。特に猫エイズは、発症まで約数年〜10年以上かかることもあり、発症しないまま天寿をまっとうすることもある。

1. 基本は1匹で飼う

同居猫に感染させるリスクがあるので、基本的に複数頭飼育はしない。複数頭飼育の場合は、他の猫にワクチン接種し、隔離して生活させる。

2. ストレスの少ない暮らしを心がける

陽性になっても発症させないためには、快適な住環境や栄養のある食事、適度な運動、十分な睡眠など、ストレスの少ない暮らしをさせよう。

3. 体調がおかしいと思ったらすぐ病院へ

いつでも発症する可能性があるため、まめに健診を受け、体調がおかしいと思ったら様子を見ず、早めに病院で診察を受けよう。

病気について知ることで恐れず一緒に生活できる

保護猫の里親募集の個体情報には、「猫エイズ（FIV）」「猫白血病（FeLV）」という項目があることがほとんどです。生後6カ月齢以下の子猫の場合は、母親から抗体を引き継いでいることがあり、検査をしてもはっきりわからないため、していない場合もあります（右表の「検査」参照）。また、野良猫の感染率も高く、自分で保護した場合も感染している可能性があります。

猫エイズと猫白血病は保護猫によく見られる感染症で、陽性となっていると里親が見つかりにくくなってしまうという現状があります。しかし、猫エイズの場合は特に、発症までの時間が長かったり、発症しないままのこともあります。人や犬に感染することはなく、1匹だけで飼うなら、それほど恐れる必要はありません。どの猫も、いつかは病気になるなどして亡くなります。感染症のことを理解したうえで陽性のキャリア猫を引き取り、できる限り幸せな暮らしを一緒に送ることも選択肢に入れてはいかがでしょうか。

病気について知ろう

病気について知識を持っていれば、むやみに恐れる必要はない。基本的な知識を持っておこう。

正式名称	猫免疫不全ウイルス感染症 (FIV)	猫白血病ウイルス感染症 (FeLV)
感染経路	主に、ウイルスに感染したキャリア猫とのケンカにより、唾液が噛まれた傷口から体内に入ることで感染	感染した猫との毛づくろいや食器の共有など、主に唾液から。尿、涙液、母乳、血液、胎盤を通じても感染する
人や犬への感染	なし	なし
潜伏期間	初期症状まで3〜8週間、感染から発症までは約数年〜10年以上	初期症状まで2〜4週間
検査	ウイルスに対する体の反応 (抗体) を調べる。感染してから約2カ月経たないと、検査結果として反映されない。生後6カ月齢以下で陽性と出ても、母猫から抗体を譲り受けただけの場合があるので、1歳前後で再検査をするのがおすすめ	感染しているウイルスそのもの (抗原) を検出して診断。感染してから約1カ月経たないと、検査結果として反映されない。また、タイミングによっては結果が正しく出ないこともあるため、t間隔をあけて再検査をする場合も
症状	免疫機能の抑制により、全身にさまざまな症状を起こす可能性がある 感染後数週間は発熱や下痢、全身のリンパ節の腫れ、食欲減退などが起きる (急性期)。その後、潜伏期間が続き (無症候性キャリア期)、発症すると全身のリンパ節が腫れる (持続性全身性リンパ節症期)。歯肉口内炎や鼻炎、咳、くしゃみ、結膜炎・皮膚炎などの慢性疾患が表れ (エイズ関連症候群期)、最終的には免疫機能が極めて低下。食欲減退、著しい体重減少、日和見感染などが起きて死に至る (エイズ期)	免疫機能の抑制により、全身にさまざまな症状を起こす可能性がある。 初期症状として、発熱や全身のリンパ節が腫れるなどの症状が見られ、この時期 (感染から4カ月程度) に免疫が働いてウイルスが体内から排除されることもあるが、排除されない場合は持続感染となる。初期症状の後いったん治まったように見えるが、その後発症。白血病の他に、免疫不全や貧血、リンパ腫などを引き起こすことがある。日和見感染を起こしやすくなったり、口内炎、皮膚炎、鼻炎、下痢といった症状も見られるようになる
治療	一度このウイルスが体内に侵入すると、根治はできない。発症した症状に対して、その症状の緩和を図る対症療法	持続感染してしまうと、根治はできない。発症した症状に対して、その症状の緩和を図る対症療法
寿命	陽性猫の6年生存率は65%、最初の100日で亡くなった猫を除くと3年生存率は94%、6年生存率は80%と言われている	1歳以上で感染した猫では約90%程度、離乳期以降では約50%がウイルスを排除できる。持続感染になって発症すると2〜5年以内に死亡、生まれたての場合はほぼ100%死亡する
予防	室内飼育を徹底する。新しい猫を迎えたり、脱走などで外に出たりしたら、2カ月は同居猫と隔離して検査する。ワクチン接種。感染してしまったら、ストレスの少ない生活をして発症させないように	室内飼育を徹底する。新しい猫を迎えたり、脱走などで外に出たりしたら、1カ月は同居猫と隔離して検査する。ワクチン接種。感染してしまったら、ストレスの少ない生活をして発症させないように
ワクチン	あるが、いくつかウイルス型をもつため100%防ぐことはできない	あるが、効果は完全ではなく、免疫ができる確率は約8〜9割

09 脱走予防と 迷子の捜索について

特に保護猫が家に慣れていないうちは、脱走するとなかなか保護できない可能性が高くなります。脱走対策をしていても、猫が勝手に開けてしまったり、人為的なミスが重なったりすることもあります。脱走させない工夫と脱走した場合の対応を解説します。

脱走予防をする

玄関

外にアクセスできるところはそのままにせず、柵を設けたり、ドアノブや窓にロックをかけたりしておこう。幼児向けのキーロックでも代用できる。

玄関に簡易的に柵をつけられるゲート。猫はジャンプ力があるため高さのあるものを使う。

窓

ホームセンターや100円ショップで販売されているフェンスを窓に固定して、猫が出られないようにする。

ジャンプしてドアノブを下げてしまう猫もいる。ドアノブを下げるために1ステップ工程の必要なキーロック。

窓の開口部をせばめられるロック。猫が通れない幅に設定しておけば、換気もでき、猫が勝手に開けてもロックされて脱走予防になる。

幼児向けのキーロックなどを使って脱走対策をしよう

　脱走を防ぐには日ごろからの対策が大切ですが、気をつけていても脱走してしまうこともあります。子猫から迎えて完全室内飼育し、臆病であまり活発ではない猫の場合は、脱走しても家の近くにいる可能性が高いです。元野良猫で外の世界に慣れていても、近所の土地勘がない場合は、あまり遠くに行かないことが多いです。これらの場合は、自宅を拠点にして近所の捜索から始めます。右ページの連絡すべき施設に問い合わせや届け出をし、チラシを作成します。チラシは犬を散歩している人にも渡すとよいでしょう。犬は猫をよく見つけるうえ、犬の飼い主の地域ネットワークもあるので、その人に気にしてもらうだけでなく口コミを広めてもらうことで、情報を収集する手立てにできます。SNSへの投稿と拡散は、遠くに行った可能性がある場合に特に有効です。捜索に時間を割けない場合などは、プロに任せると見つかる確率が上がります。脱走から時間が経ちすぎないうちに相談して、金額や捜索内容の確認をしましょう。また、万が一に備えて、マイクロチップを挿入して、飼い主の情報を登録しておくことも大切です。

猫が脱走しても焦らないで行動する

動物は焦って追いかけたり、呼び戻そうと大声を出したりすると逆に逃げてしまう。目の前で脱走しても大声や叫び声を上げず、冷静なトーンで名前を呼んだり、「オヤツ」や「ごはん」など普段反応する言葉を行って家に入ることを促そう。それでも逃げてしまった場合や、知らない間に脱走していた場合は、すぐに捜索を開始する。

猫が隠れやすい場所をチェックする

住まいがマンションかアパートか戸建てかによっても違うが、基本的には軒下、車の下、物置き、建物の隙間や裏、室外機の下、植え込み、木の上、屋根や塀の上などに隠れることがある。日中は隠れていて、夕方から夜などに行動を開始することが多い。ここだと思う場所に、夜間対応のカメラと誘うための食べ物を設置するのも手。

猫のにおいで自宅へ誘導する

外に出てみたものの、猫は自分の縄張りではないので萎縮しているはず。帰宅するために、自分のにおいがあればそこに向かうので、普段使っている猫のトイレ砂を家のまわりに撒くなどしよう。においで家の場所を知らせつつ、遠くに行かないように行動範囲を抑制させられる。

捕獲に必要な道具を用意する

場所の特定ができたら、ごはんやオヤツ、キャリーバッグ、食器など普段使っているものを用意する。もしものときのために、洗濯ネットも利用する。捕獲の方法はP.98も参照。

プロへ依頼する

捜索する時間がない場合や、確保の確率を上げたい場合、資金がある場合は迷わず信頼できるプロに相談する。一緒に捜索してくれるサービスや、オンラインで捜索の相談に乗ってくれるサービスも。

迷子になったときに連絡すべきところ
・自治体の動物愛護（保護）センター
・近くの交番や警察署
・清掃局（土木課、環境衛生課、国道事務所）

チラシの配布
・全身と、首輪や体の特徴の拡大写真
・名前や特徴、性格、連絡先などの情報
・脱走した場所や経緯、どう対応してほしいか

POINT チラシ作成の注意点

チラシを作成するにあたって、自宅のインクジェットプリンターの顔料インクで印刷すると、雨が降ったときにインクが溶けて読めなくなります。印刷にはカラーレーザーを使いましょう。パソコンやスマホでチラシを作ったら、ファイル形式をPDFにして保存し、コンビニのネットワークプリントを使って、コンビニで印刷します。インターネット上でファイルをアップロードして、コンビニのプリンターから呼び出すことができます。各コンビニのネットワークプリントサービスがあるので、よく利用するコンビニのサービスを調べてみましょう。大量に刷るのであれば、インターネット上で注文できる印刷会社に発注する方法もあります。その際も同様に顔料インクではないものを選びましょう。

協力

太田 快作 （獣医師・ハナ動物病院 院長） Chapter4
亀井 あやめ （ドッグトレーナー・ドッグリサーチカンパニー 代表） Chapter3
西平 衣里 （公益社団法人 アニマル・ドネーション 代表理事） Chapter1
藤井 仁美 （獣医師・獣医行動診療科認定医 Ve.C. 動物病院グループ） Chapter5-Chap6

編集・執筆　井上 綾乃・山賀 沙耶
制作　funfun-design
撮影　岡崎 健志
イラスト　岡本 倫幸
画像協力　アイリスオーヤマ株式会社　株式会社リッチェル　Furbo Japan

SPECIAL THANKS

すい
翠
（「にくきゅうライフ」の保護犬）

タリー

参考文献
『猫の困った行動 予防＆解決ブック』（監修 水越美奈　著者 藤井仁美／緑書房）／『野良猫の拾い方』（監修 東京キャットガーディアン／オーイズミ）　『獣医にゃんとすの 猫をもっと幸せにする 「げぼく」の教科書』（著者 獣医にゃんとす／二見書房）／ 『犬のいる暮らし 一生パートナーでいるために知っておきたいこと（著者 丸田香織里／池田書店）』

保護犬・保護猫と家族になるときに読む本
お迎えから育てかたと向き合いかたまで

2024 年 2 月 5 日 第 1 版・第 1 刷発行

著　者　　保護犬・保護猫のお迎えサポート
　　　　　（ほごいぬ・ほごねこのおむかえさぽーと）

発行者　　株式会社メイツユニバーサルコンテンツ
　　　　　代表者　大羽 孝志
　　　　　〒 102-0093 東京都千代田区平河町一丁目 1-8

印　刷　　株式会社厚徳社

◎『メイツ出版』は当社の商標です。

ご意見・ご感想はホームページから承っております。
ウェブサイト https://www.mates-publishing.co.jp/

企画担当：小此木千恵